建筑工人职业技能培训教材

油 漆 工

（第二版）

建筑工人职业技能培训教材编委会　组织编写

中国建筑工业出版社

图书在版编目（CIP）数据

油漆工/建筑工人职业技能培训教材编委会组织编
写. —2版. —北京：中国建筑工业出版社，2015.11
建筑工人职业技能培训教材
ISBN 978-7-112-18630-3

Ⅰ.①油… Ⅱ.①建… Ⅲ.①建筑工程-涂漆-技术
培训-教材 Ⅳ.①TU767

中国版本图书馆 CIP 数据核字（2015）第 252458 号

建筑工人职业技能培训教材

油 漆 工

（第二版）

建筑工人职业技能培训教材编委会 组织编写

*

中国建筑工业出版社出版、发行（北京西郊百万庄）
各地新华书店、建筑书店经销
北京红光制版公司制版
廊坊市海涛印刷有限公司印刷

*

开本：850×1168毫米 1/32 印张：7⅝ 字数：205千字
2015年11月第二版 2015年11月第二十一次印刷
定价：**19.00**元
ISBN 978-7-112-18630-3
（27842）

书共分为二十二个部分，内容有：房屋构造与建筑识图，建筑色彩，常用材料，常用工具、机械及其使用与维护，腻子、大白浆、石灰浆、虫胶漆调配，基层的处理，施涂工艺技法，施涂质量控制，溶剂型涂料施涂工艺，水乳型涂料施涂工艺，弹、滚、喷、刷装饰工艺，美术涂饰工艺，特种涂料施涂工艺，内外墙涂料涂饰工艺，裱糊工艺，玻璃裁装工艺，传统油漆、古建筑油漆、彩画工艺，涂饰工程质量检验评定标准，涂饰工程安全管理，职业卫生，安全防护常识，环境保护。

本教材适用于油漆工职业技能培训，也可供相关人员参考。

责任编辑：朱首明　李　明　李　阳　李　慧
责任设计：董建平
责任校对：李欣慰　姜小莲

建筑工人职业技能培训教材
编 委 会

主　任：刘晓初

副主任：辛凤杰　　艾伟杰

委　员：（按姓氏笔画为序）

　　　　包佳硕　　边晓聪　　杜　珂　　李　孝

　　　　李　钊　　李　英　　李小燕　　李全义

　　　　李玲玲　　吴万俊　　张囡囡　　张庆丰

　　　　张晓艳　　张晓强　　苗云森　　赵王涛

　　　　段有先　　贾　佳　　曹安民　　蒋必祥

　　　　雷定鸣　　阚咏梅

第一版教材编审委员会

出 版 说 明

为了提高建筑工人职业技能水平，受住房和城乡建设部人事司委托，依据住房和城乡建设部新版《建筑工程施工职业技能标准》（以下简称《职业技能标准》），我社组织中国建筑工程总公司相关专家，对第一版《土木建筑职业技能岗位培训教材》（建设部人事教育司组织编写）进行了修订，并补充新编了其他常见工种的职业技能培训教材。

第一批教材含新编教材 3 种：建筑工人安全知识读本（各工种通用）、模板工、机械设备安装工（安装钳工）；修订教材 10 种：钢筋工、砌筑工、防水工、抹灰工、混凝土工、木工、油漆工、架子工、测量放线工、建筑电工。其他工种教材也将陆续出版。

依据新版《职业技能标准》，建筑工程施工职业技能等级由低到高分为：五级、四级、三级、二级和一级，分别对应初级工、中级工、高级工、技师和高级技师。教材覆盖了五级、四级、三级（初级、中级、高级）工人应掌握的内容。二级、一级（技师、高级技师）工人培训可参考使用。

本套教材按新版《职业技能标准》编写，符合现行标准、规范、工艺和新技术推广的要求，书中理论内容以够用为度，重点突出操作技能的训练要求，注重实用性，力求文字通俗易懂、图文并茂，是建筑工人开展职业技能培训的必备教材，也可供高、中等职业院校实践教学使用。

为不断提高本套教材质量，我们期待广大读者在使用后提出宝贵意见和建议，以便我们改进工作。

中国建筑工业出版社

2015 年 10 月

第二版前言

本教材依据住房和城乡建设部新版《建筑工程施工职业技能标准》，在第一版《油漆工》基础上修订完成。

本书力求理论知识与实践操作的紧密结合，体现建筑企业施工的特点，突出提高生产作业人员的实际操作水平，做到文字简练、通俗易懂、图文并茂。注重针对性、科学性、规范性、实用性、新颖性和可操作性。

本教材适用于职业技能五级（初级）、四级（中级）、三级（高级）油漆工岗位培训和自学使用，也可供二级（技师）、一级（高级技师）油漆工参考使用。

本教材修订主编由曹安民担任，由于编写时间仓促，加之编者水平有限，书中难免存在缺点和不足，敬请读者批评指正。

第一版前言

为适应新时期的用工特点，满足当前建筑施工的需要，达到油漆工岗位的职业要求，本教材是根据建设部 2002 年 3 月南昌会议精神和编写要求开发的系列培训教材之一。

本书去粗取精，重点突出技能培训，从全新的角度对涂饰的基本工序、基本技术及"四新"进行了梳理和归纳，体现规律性和系统性。内容深入浅出，并留有一定的思维空间，启发培训对象，闻一知十，学以致用。

教材在编写过程中，自始至终得到了江西省建设厅领导的精心呵护和同仁的大力支持。吴怡昕编写了第二章。主编吴兴国，借出版之际，向他们表示衷心的感谢。

编写教材采用新规范、新体系、新内容、新方法、新手段是一种尝试，加之编者水平所限，错误和缺点在所难免，恳请专家和读者批评指正。

目　录

一、房屋构造与建筑识图

建筑油漆工是房屋建筑的卫士和美容师。在人们日益注重改善生活、工作环境质量的今天，我们有责任把当今五彩缤纷的世界，装饰得更加美丽。为了肩负起这个重任，做一名能工巧匠，我们应该努力学好本工种基本知识和基本技术，努力提高工艺水平。

建筑油漆工的技能操作，无不与房屋建筑有关。熟悉本工种的劳动对象，是学艺入门的第一步。

（一）房屋建筑构造的基本组成和作用

房屋建筑按不同的分类标准，可以分为很多类型。如果按建筑物的用途来分，一般可以分为两大类：民用建筑和工业建筑。

把供人们居住、生活和进行社会活动的房屋称为民用建筑，民用建筑又可分为居住建筑和公共建筑。

把为生产服务的房屋称为工业建筑，如厂房、车间等。

房屋建筑是由基础、墙和柱、楼地面、屋面、楼梯和门窗等主要的六大部分组成。这六大部分在房屋建筑中各自发挥的作用如下：

1. 基础

基础位于房屋的最下部，是用来承受房屋的全部荷载的，并将承受的荷载传递给地基。

2. 墙和柱

墙体是房屋的重要组成部分，又称为主体构件。墙按受力情况分为承重墙和非承重墙；墙按其所处的位置可分为外墙和内墙。如房屋中的隔墙属于非承重构件又属于内墙；柱是建筑物的承重构件，它和承重墙除共同承受着建筑物由屋面及楼层传来的垂直荷载外，还承受着风力对建筑物的水平荷载。

3. 楼地面

楼地面是楼板和房屋最底层的地面的简称。楼板是水平方向的承重构件。它将建筑物分为若干层，除将所承受的荷载传给墙或柱外，对建筑物还起到水平支撑的作用。地面除承受首层房间的荷载外，对基础结构还起保护作用。

4. 楼梯

楼梯是为人们提供上下活动的垂直通道。

5. 屋面

屋面是建筑物的顶部结构。既是承重构件（主要支承自重和承受作用于屋顶上的各种荷载等，同时，还对上部结构起水平支撑作用），又是围护结构，对建筑物起保护作用。

6. 门窗

门除发挥水平通道的作用之外，还和窗共同起着分隔、采光、通风、保温、隔声、防火等作用，带给人们美的享受。

《建筑工程施工质量验收统一标准》GB 50300—2013 把楼地面、门窗划归为建筑装饰装修部分是有前瞻性的。建筑装饰装修的定义："为保护建筑物的主体结构、完善建筑物的使用功能和美化建筑物，采用装饰装修材料或饰物，对建筑物的内外表面及空间进行的各种处理过程。"通过对这一定义的理解，应该明确"处理过程"中的许多工序，均需要油漆工参与，均需要油漆工的物化劳动。

（二）房屋构造与油漆工的关系

房屋建筑不能缺少装饰装修，装饰装修离不开色彩和保护，色彩和保护需要油漆工。三者关系说明了房屋构造与本工种的紧密联系。

施工阶段的活动过程和活动本身，自始至终都是以施工图为依据的。油漆工的操作也不能例外。唯一不同的，涂饰工程表述是靠图纸上文注的形式表明设计要求。以此提示在哪里做，应该怎样做。所以，涂饰也属于房屋构造的一个组成部分。涂饰质量的合格与否，直接影响房屋建筑的质量。涂饰工程中出现的质量缺陷，也是建筑物的质量缺陷。房屋构造与涂饰的关系，我们可以认为"谁也离不开谁"。

具体地说，油漆工与房屋构造有哪些关系呢？我们以涂饰工程和玻璃工程来进行归纳：

（1）涂饰工程具有保护房屋建筑和构造的作用，延长建筑物的使用年限。

（2）涂饰工程和玻璃工程均具有装饰功能，把房屋建筑打扮更加靓丽。

（3）涂饰工程使用的材料和涂饰工艺，必须与房屋建筑不同部位的物面相容。

（4）涂饰工程、玻璃工程容易更新，以提高房屋建筑的耐久性，使建筑物的装饰富有时代感。

（5）玻璃工程除具有采光、隔声、保温、抗风等功能外，更具装饰效果。

（三）识读与审核工程图要点

施工图是建筑的语言。建设从业人员按照图纸上各种线条组合和标注的几何尺寸，通过投入和转换，就能最终形成工程实物，完成具有独立功能和使用价值的最终产品（单位工程或整个工程项目）。

建筑工程图是用来表达建筑物的构、配件组成、平面布局、外形轮廓、装饰装修尺寸、结构构造和材料做法的工程图纸。

掌握识读建筑工程图，是油漆工必须具备的基础知识。

房屋建筑施工图按专业分为：建筑施工图、结构施工图、设备施工图（水、暖、电、空调等）。

油漆工主要劳动对象，是对建筑物基层进行装饰装修。由于分工的不同，在这三类图纸中，建筑施工图对油漆工尤为重要。

建筑施工图的分类及其作用：

（1）总平面图。表示建筑物用地及周围总体情况的图纸。是施工现场平面布置、新建建筑物定位、放线的依据。

（2）建筑平面图。表示建筑物房间的内部布局、内部交通组织、门窗位置及尺寸大小的图纸。

（3）建筑立面图。表示建筑物外观的图纸。表示建筑物正立面、背立面及侧立面的外形、尺寸、标高及外饰面装饰材料等。

（4）建筑剖面图。用来表示房屋内部空间的高度及构造做法的图纸。

（5）详图。表示建筑物各主要部位细部构造的放大图。

从上面所讲的作用看，建筑平面图、立面图、剖面图、详图关系到涂饰工程量和质量，更应该掌握识读的方法。

1. 识读施工图要点

识读施工图，习惯的方法一般是由下向上，由大至小，由外及里，由粗到细。并要注意图纸上标注的文字说明。

（1）对于总平图，我们只要了解新建建筑的位置关系、外围尺寸和高程就可以了。

（2）对于建筑平面图的阅读，应该掌握：建筑物总长、总宽、内部房间布置方式、功能关系等；纵、横轴线间的距离，主要房间的开间、进深，柱墙等布置规律；承重墙与非承重墙的位置、门窗洞口尺寸、编号、材料；楼梯出入口的位置，楼梯与走廊的关系，楼梯上下等处标高尺寸。

（3）对于建筑立面图的阅读，应该掌握：各层层高尺寸、标高；门窗洞口上下标高；檐口、女儿墙标高；室内外地坪标高；外饰面装饰材料等。

（4）对于建筑剖面图的阅读，应该掌握：

（从外墙向下看）防潮层、勒脚、散水、放坡的位置、尺寸及材料做法等；

（从外墙向上看）窗台、过梁、楼板与外墙的关系、形状、位置及材料做法等；

底层及楼层的层高、净高尺寸、楼梯间各梯段标高、门窗部位的标高及材料做法等；

地面、楼面、顶棚、墙面、踢脚尺寸及材料做法等。

朝下看或朝上看，习惯以室内地面设计地坪±0.000为分界。

下面提供某学校施工图（图1-1～图1-6），按照识图方法和要点，进行试读，考核自己的识读能力。识读施工图要认真心细，反复多审、多次琢磨。

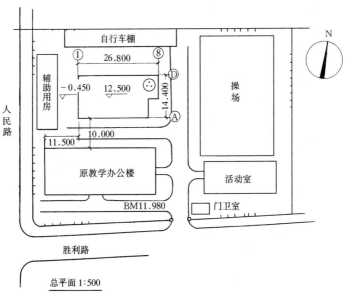

图1-1　总平面图

2. 审核施工图要点

施工图是施工人员进行质量控制的重要依据。油漆工作为在

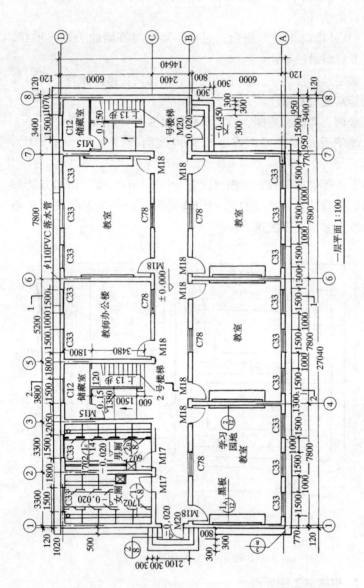

图 1-2 建筑平面图

一层平面 1:100

6

图 1-3　立面图

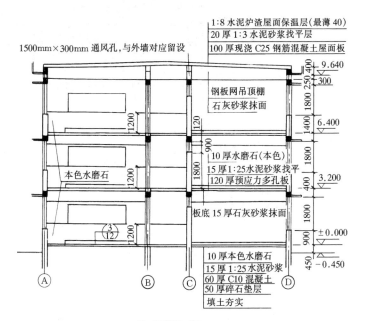

Ⅰ－Ⅰ剖面1:100

图 1-4　剖面图

7

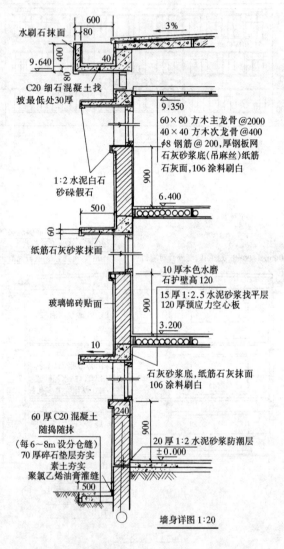

水刷石抹面

9.640

C20 细石混凝土找
坡最低处30厚

1:2 水泥白石
砂碎假石

纸筋石灰砂浆抹面

玻璃锦砖贴面

60 厚 C20 混凝土
随捣随抹
（每 6～8m 设分仓缝）
70 厚碎石垫层夯实
素土夯实
聚氯乙烯油膏灌缝

600
80
3%
40
80
400

9.350
60×80 方木主龙骨 @2000
40×40 方木次龙骨 @400
φ8 钢筋 @ 200,厚钢板网
石灰砂浆底（吊麻丝）纸筋
石灰砂面,106 涂料刷白
900
6.400

500
60

10 厚本色水磨
石护壁高 120
15 厚 1:2.5 水泥砂浆找平层
120 厚预应力空心板
900
3.200

10

石灰砂浆底,纸筋石灰抹面
106 涂料刷白

240
900
20 厚 1:2 水泥砂浆防潮层
±0.000

500

墙身详图 1:20

图 1-5 墙身剖面图

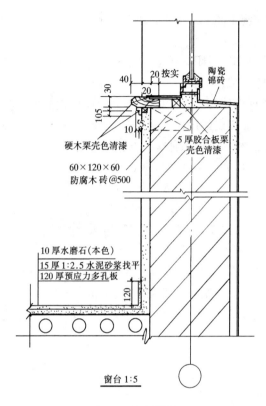

40 | 20 按实 | 陶瓷锦砖
30
20
105
15
10

硬木栗壳色清漆

5 厚胶合板栗
壳色清漆

60×120×60
防腐木砖@500

10 厚水磨石(本色)
15 厚1:2.5 水泥砂浆找平
120 厚预应力多孔板

120

窗台 1:5

图 1-6　窗台详图

施工活动中参与的一员，为了保证作业质量，应充分了解与本工种关系密切的工程的特点、设计意图、工艺、质量要求等。

　　审核施工图的重点应放在建筑装饰装修部分：

　　（1）了解建筑立面、内墙面、顶棚及地面的装饰做法，门窗采用的标准图集。选用的涂料品种是否符合房屋（房间、车间）的用途和工艺要求。

　　（2）所用材料的来源有无保证，能否替代。

　　（3）新材料、新技术、新工艺采用有无问题，有无可能性和必要性。

　　鉴于涂饰工程没有单独的设计施工图，一般把要求以文字的形式标注在施工图上。审查与本工种有关的图纸时，要把握以下几点：

1）核对有关说明和图上所注的说明，是否有不统一及错注和漏注的施涂部位；

2）根据设计要求，考虑各部位和项目施涂的可操作性，如操作困难，应提出建议；

3）本工种与其他工种施工交接是否存在矛盾；

4）对设计意图不够明确或设计有特殊要求等问题，应提请业主和设计单位在技术交底时做说明。

（四）建筑施工图尺寸标注

建筑施工图尺寸标注，可以准确表示建筑实物的大小和构配件所处的位置。应重点理解和掌握：

1. 尺寸标注主要包括尺寸界线、尺寸线、尺寸起止符号和尺寸数字（图1-7）。

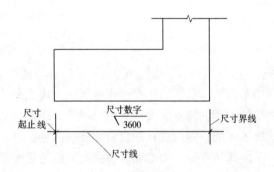

图1-7　尺寸的组成

2. 图样上的尺寸单位，除标高及总平面图以米（m）为单位外，其余均以毫米（mm）为单位。

3. 标高用以标明房屋各部分的具体高度，如室内外地面、各层楼板面、窗台、顶棚、檐口、屋面等处高度（图1-8）。

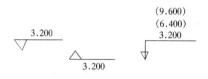

図 1-8 个体建筑标高符号

（五）常用建筑材料、配件图例和构配件代号

油漆工的作业对象，可以说是房屋建筑，说细点是分部分项。分部分项工程是通过建筑材料重新配制和组合，物化为建筑实体的。实体形状大小除有数字注明外，还可以采用各种独特方式标注在施工图上。

1. 建筑材料及构、配件图例

为了简化绘制图样和减少文字标注量，又能表达施工图上一些比例较小的图形和构、配件位置，常采用示意性的图例符号表达（见表 1-1）。

常用构、配件图例符号 表 1-1

图 例	名 称	图 例	名 称
	空心砖		胶合板
	饰面砖		石膏板
	混凝土		多孔材料
	钢筋混凝土		玻璃

图　例	名　称	图　例	名　称
	焦渣、矿渣		纤维材料或人造板
	金属		天然石材
	松散材料		普通砖
	木材	底×高×深 底 2.50	墙上预留槽
	双扇门		单层外开平开窗
	单扇门		
	空门洞		淋浴间

2. 常用构、配件代号

构、配件代号是取构、配件名称的第一个汉语拼音声母组合而成的。如"楼梯板"，汉语拼音为"lou ti ban"，各取"梯板"第一个声母"TB"组合简化而成（表1-2）。

常用构、配件代号　表1-2

序号	构、配件名称	代号	序号	构、配件名称	代号
1	板	B	3	空心板	KB
2	屋面板	WB	4	槽形板	CB

序号	构、配件名称	代号	序号	构、配件名称	代号
5	折板	ZB	24	天窗架	CJ
6	密肋板	MB	25	框架	KJ
7	楼梯板	TB	26	刚架	GJ
8	盖板或沟盖板	GB	27	支架	ZJ
9	挡雨板或檐口板	YB	28	柱	Z
10	吊车安全走道板	DB	29	基础	J
11	墙板	QB	30	设备基础	SJ
12	天沟板	TGB	31	桩	ZH
13	梁	L	32	柱间支撑	ZG
14	屋面梁	WL	33	垂直支撑	CC
15	吊车梁	DL	34	水平支撑	SC
16	圈梁	QL	35	梯	T
17	过梁	GL	36	雨篷	YP
18	连系梁	LL	37	阳台	YT
19	基础梁	JL	38	梁垫	LD
20	楼梯梁	TL	39	预埋件	M
21	檩条	LT	40	天窗端壁	TD
22	屋架	WJ	41	钢筋网	W
23	托架	TJ	42	钢筋骨架	G

建筑材料及构、配件图例，以及常用构、配件代号，有的与油漆工施涂基层有直接的关系，应该首先记住。

（六）建筑装饰艺术图案

从审美的角度来看建筑，我们会发现建筑是由许多构成要素组成的，如墙体、门窗、屋顶、台阶等等，其大小、形状、比例是以几何构图形式组合而成。

图案是装饰艺术的一种。如建筑装饰图案就是依附建筑实体存在并表现出来的。图案以平衡对称，对比和谐，多样统一，反复的特征，被人们所喜爱。图案装饰用于建筑，举不胜举（图1-9）。

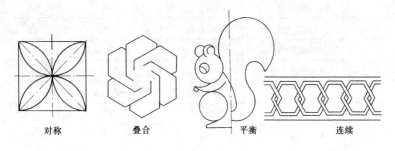

对称　　　　　　　叠合　　　　　　　平衡　　　　　　　连续

图 1-9　图案示例

二、建 筑 色 彩

油漆工的作业，几乎置身于色彩环境中。

油漆工懂得色彩基本知识，并能够灵活运用，是学艺入门的第二步。

（一）色　　彩

色彩是在物体反射光作用于人的视觉器官上引起的一种感觉。人们只有通过色彩，才能被感知到建筑物的存在。通过已获得的大量信息的比较，就能判断出所看到建筑色和形。

1. 色彩的产生

色彩的形成过程，前面讲的是从物理学这个角度来解释的。如在漆黑的房间里，我们就看不出本来涂饰的奶黄色的墙面。

油漆工要偏重从心理学这个角度，理解色彩。重视人的感官知觉对色彩的反应，重视人们审美带来的愉悦。

2. 色彩的属性

怎样认识色彩的特性呢？首先要了解色彩的基本属性。所有的色彩都具有三种独立可变的属性和范围，它们是色相、明度（亮度）、彩度（纯度）。三者在任何一个物体上的颜色都能同时显现出来，不可分离，也称色彩三要素。

（1）色相。色彩的范围，也可以理解为是色彩的相貌和名称。即使是同一色彩，也很丰富，如红色就有浅红、粉红、大红等。从理论上说，色相的数目是无穷的。

（2）明度。色彩的明亮程度或浓淡差别。一般情况下，光源越强，明度越高。物体反射率越高，明度也越高。其次，反射率高低还决定于不同的色彩。黄色明度就亮，蓝色明度就暗。除了白色以外的任何颜色，加入白色的量和亮度是成正比的。相反，无论何种色彩只要加入黑色，明度就降低了；加入了黑色的量与亮度成反比。

（3）纯度。指色彩的鲜艳程度，又称饱和度。一般情况下含标准色成分越多，色彩就越鲜艳，纯度也就越高。例如，红色就比橙红或橙色含红的纯度高，反之亦然。

3. 色彩的运用

在建筑装饰装修中，对于色彩的运用，可以用不同的色光和色料创造良好的形象。通过色光和色料组织和混合，可以产生不同形态的色彩气氛和色彩环境。

色光的原色指红、绿、蓝，它们按一定的方式混合得到的光是白色的光。

色料的原色指红、黄、蓝，它们按一定的量进行原色色料的混合得到的是黑色。

红、黄、蓝三种颜色无法由其他颜色配制而成，我们把这三种颜色称为一次色，即原色。间色，是由两种原色混合而成的颜色称为间色或二次色。

复色，复色也称三次色、再间色。是由三种原色或两种间色按不同比例混合而成的。

三原色、间色、复色的相互关系如图 2-1 所示。

运用建筑色彩的主要原则：

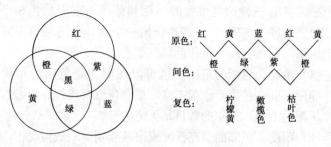

图 2-1　三原色、间色、复色的相互关系

16

（1）满足建筑技术的要求

建筑色彩的运用，首先要考虑能否满足建筑设计的要求，其次要考虑是否受到建筑技术的制约，还要考虑到所用建筑涂料表现的色彩范围。

色彩运用体现的自然感，是人们崇尚自然的追求。原始建筑的色彩是靠材料本身固有的颜色来表现的。如当代建筑的外墙用石材贴面，室内仿木纹、仿大理石纹，就是传统审美情趣的反映。随着建筑技术的进步，建筑色彩的运用已经成了一种装饰语言。建筑构件涂饰鲜艳色彩除了具有保护作用外，还增强了识别性，这都体现了建筑设计的要求。如窗与墙，梁与柱涂饰不同的颜色，清晰地交代了交接处的构造处理。

（2）满足建筑功能的需要

建筑色彩与建筑功能要求，决定二者之间是相容的。用不同的色彩反映不同的功能，体现了色彩与功能的一致性。

商业建筑色彩的运用，追求醒目、强烈，向人们传递了一种特殊的信息，借以促进消费。在人多拥挤的空间采用膨胀色；冷加工车间采用暖色，都体现了建筑功能的需要。

（3）满足建筑形象的表达

建筑实体、建筑质地、建筑色彩共同的作用勾勒出建筑形象。建筑色彩只有依附着建筑形体才能更好地表达，建筑形体只有通过色彩、图案的变化才能更好地诠释建筑本身。中国仿古建筑梁枋上的彩画，透过建筑形体向我们传递了浮想连绵的信息。留给后人传统美的情趣。

（4）满足协调建筑环境美的需求

建筑环境分为自然环境和城市环境。不同的环境要注意运用不同的建筑色彩。

在城市环境中的建筑色彩受到所处环境的影响。建筑色彩的选择，要根据建筑物在环境中的地位及功能决定。

青岛的红瓦、黄墙、绿树与碧海融为一体，就充分体现了建筑色彩的个性和特征。为保持这一海滨城市特色，建筑就宜选用明度低，暖色调的屋顶。白墙、黑瓦是徽派建筑一大特色，建筑色彩的选用就要考虑与其和谐统一。

在自然环境中的建筑色彩受到自然环境的制约。建筑色彩的选用不仅要考虑青山绿水对其的衬托作用，又要注重建筑色彩对其的点缀作用。要与环境色彩形成对比、反差。绿与红反差强烈，万绿丛中一点红，美不胜收，就是这个道理。

（二）建筑色彩的功能

1. 生理效应和心理作用

建筑色彩通过人的视觉感应，使人们在生理上能产生一定的共性反映。

人在绿色的环境中，感到安静；红色的环境中使人精神亢奋。当代的建筑色彩设计越来越重视对生理功能的作用，住宅小区的外墙多采用亮度高、纯度低的色彩，以焕发人们对生活的憧憬。

建筑色彩通过人的心理作用，会引起人的感情变化和共同感受。在色彩的选用和处理方面，要考虑心理感觉。

（1）温度感（暖色与冷色）。红色、橙色以及以红、橙为主的混合色容易使人联想到太阳、火焰，感到温暖，称之为暖色；以蓝色、绿色以及以蓝色为主的混合色使人联想到蓝天、大海，感到凉爽，称之为冷色。南方民居小宅，青瓦、白墙，在炎热的夏季使人感到凉意。起居室一般采用近似色，构成房间暖色调，使人感到家的温馨。

（2）距离感。色相、纯度和明度，会产生远近的感觉。赤、橙、黄具有前进、扩大的特征；青绿、青紫、紫就产生后退、缩小的特征。建筑色彩的运用要考虑这一功能给人们带来的心理感受。有助于调节空间大小的感觉，住宅较小的间距宜选用后褪色，空旷的房间、过高的顶棚宜选用前进色，以建筑色彩的灵活运用改善空间的质量。

（3）轻重感。明度决定色彩的轻重感，色彩的轻重感是通过人们的联想产生的。明度越高给人的感觉越轻快，反之亦然。

中国传统宫殿建筑的黄瓦、红墙、白色基座，给人以稳重的感觉，显得庄重而威严。

（4）体量感。色相和明度会导致人们对同一建筑物产生大小不同的感觉。用暖色和明度高的色彩涂饰建筑物，令人感到整个建筑体量增大，这样的颜色称之膨胀色；用冷色和暗色涂饰建筑物，会令人感到建筑物体量缩小，这样的颜色称之为收缩色。

传统的北京青瓦灰墙的民居背景，衬托出故宫的金碧辉煌，也更加突出了故宫的气势宏伟。建筑的柱子饰以暗色，达到收缩的感觉。建筑物墙面饰以竖向条带，使形体变高，这都是利用了色彩的体量感。

2. 造型功能和标志作用

建筑色彩造型功能与色彩的体量感，其相同点能改变人的感觉。这里指的造型功能，是建筑色彩表现建筑效果的必然性。色彩与建筑是客观存在的，我们不可能想象建筑是没有色彩的，也不能想象色彩不依附于建筑。建筑作为一门艺术，是通过建筑色彩表现出来的。

市场经济焕发出人们的开拓精神和勇往激情，当代城市建筑的绚丽风貌，说明人们审美进入了一个新的境界。人们已经注意到，不仅单体建筑的风格呈多样性，单体建筑也趋向色彩的多样性涂饰。在同一墙面上选用多种色彩，不仅可以改变建筑形象，而且也更好地表达了建筑。在单一暗色的大面积玻璃幕墙上点缀几块明度高的色块，会带给人动感和生机。砖墙的橙色，使建筑物具有古典深沉的意境。门框饰以白色，使整个建筑更显明快。

建筑物的个性特征，除依靠本身特有形体造型外，在很大程度上就只能靠色彩来表现了。色彩不仅能表现出建筑物与建筑物之间的差异，还能向人们传递建筑物的功能信息。

国外一些著名的大城市采用统一的色调，构成了整个城市的标志。当代国内的居住小区，在建筑形象较难突出个性的情况下，主要靠色彩的运用予以区别。某南方住宅小区，为突出个性，采用高明度、高纯度的色彩，与绿色的草地树林、湖水相映、格外引人注目。在商业建筑方面，色彩作为标志，更为普遍和广泛。

掌握了色彩的有关基础知识，对于建筑色彩的运用，要遵循"天人合一"的原则。大自然的色调是和谐统一的，因此建筑色彩的运用应该与大自然融合为一个整体。无论在建筑物表面或内部空间，在色彩的运用中，要把"主导色"的色相设置的面积最大，纯度最低；"调节色"次之，面积较小；而色相纯度最强的重点色则面积最小。这样的处理才能达到色彩的协调。

三、常 用 材 料

（一）建 筑 涂 料

专门用于施涂建筑物基层的涂料，称为建筑涂料。涂料涂于基层，均匀地覆盖并紧密地附着在基层表面，在一定的条件下形成连续完整的薄膜（涂层）。

早期的涂料主要以天然干性油为主要原料，习惯称为"油漆"，涂膜又称漆膜。现在一般将以干性油为主要原料，经酚醛、醇酸等合成树脂改性涂料称为油漆。把以合成树脂为成膜材料的称为涂料。随着世界上石油化工技术的空前发展，各种人工合成树脂大量用于建筑涂料工业。少用或不用油类的新型建筑涂料不断涌现，有逐步取代"油漆"的趋向。故建筑涂料现泛指后一种。

建筑涂料，扩大了油漆的应用范围，在材质、性能、装饰等方面，都是油漆无法比拟的。

1. 建筑涂料的功能

建筑涂料与其他饰面材料相比，附着力强，涂膜坚硬，色泽鲜明，质感丰富，具有耐老化、耐污染、保色等特性。

（1）装饰功能

用建筑涂料涂饰建筑物内外表面能美化建筑物。装饰效果比传统装饰更为清新、明快、立体感强。如在涂料中掺入骨料，采用拉毛、喷点、滚花、复层喷涂等新工艺，可以获得理想的纹理和丰富的图案。

（2）保护功能

建筑物在自然环境中，免不了风吹、雨打、日晒，以及受空气中有害气体对其的破坏作用。日积月累，会使建筑物表面产生风化、剥落、破损等现象。室内建筑物表面也存在这类问题，只是被侵蚀的速度慢些。

如果在建筑物基层涂饰涂料，依靠形成的涂膜进行完整的覆盖，就多了一层具有一定硬度，又有一定韧性、耐水性、耐火性、耐化学侵蚀、耐污染的保护层，从而延长了建筑物的使用寿命。从这个角度来说，建筑涂料的保护功能是第一位的。

（3）特殊功能

目前，随着大量乳液性高分子材料的问世，各种助剂的出现，提高了建筑涂料的性能指标，使其除具有装饰和保护功能外，还具有防水、防火、防霉、防静电、隔热等功能，更好地为人们创造了一个安全、舒适的环境。

1）防水。防水涂料可以在建筑物基层形成一个完整封闭的防水层。适用于结构复杂的屋面的防水，克服了卷材防水层接缝多的缺陷。更适用于轻型屋面的防水。

2）防火。防火涂料涂饰在建筑物表面，起着隔火、阻燃、延缓火焰在物体表面传播速度或推迟结构破坏时间的作用。

3）防腐。防腐涂料具有良好的抵抗酸碱盐能力，起着腐蚀介质与建筑物内外表面中间隔离层的作用，阻止或延缓腐蚀现象的发生和发展。

4）防霉。防霉涂料具有杀灭或抑制霉菌生长的功能。如目前采用的水性广谱防霉涂料，是采用高分子乳液成膜物质添加复合防霉剂达到杀菌目的的。

其他特种涂料，如吸声涂料，防静电涂料，防辐射涂料，我们可以从字面上去理解其的特殊功能。

2. 建筑涂料的基本组成

组成建筑涂料的物质是胶粘剂、颜料、溶剂及辅助成膜材料。

（1）胶粘剂。涂料主要的成膜物质，是涂料的最基本成分。有些涂料采用两种以上的成膜物质。

（2）颜料。涂料中次要的成膜物质。它不能离开主要成膜物质单独成膜。颜料又可分为着色颜料、体质颜料和防锈颜料三类。

着色颜料赋予成膜一定的颜色，又起到覆盖基层表面的作用。

体质颜料赋予涂料各种必要的性能，增加涂膜的厚度，吸收涂膜胀缩应力，防止涂料的流淌，改善施工性能，还可以提高涂膜的耐磨和耐久性。

防锈颜料，主要是增强金属构件的防锈能力。

（3）溶剂。溶剂的主要作用是对涂料成膜过程发挥其影响作用，或对涂膜的性能起辅助作用。

溶剂分为溶剂和助溶剂两大类。

溶剂也称稀释剂，用以改变成膜物质的稠度，以利于工艺操作。当涂料成膜后，会全部挥发掉。

助溶剂能有效地改善涂料的性能。涂料的品种不同，都是各种不同助溶剂参量的结果。助溶剂参量不大，对改善涂料性能的作用却不小。涂料基本组成如图 3-1 所示。

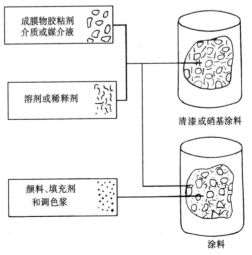

图 3-1　涂料的基本组成

3. 涂料的分类和命名

（1）涂料的分类

过去，涂料的分类方法很多，有的按施工方法分，有的按组成的物质分，有的按厚度和质感分，有的按施涂部位分，容易造成混乱。目前，我国已广泛采用以主要成膜物质为基础的分类方法。若成膜物质由多种成分组成，则按在涂膜中起决定作用的一种成分为基础分类。

据此将涂料划分为 17 大类（见表 3-1）。

表 3-1

涂料分类

序号	代号（汉语拼音字母）	按成膜物质划分类型	主要成膜物质
1	Y	油脂漆类	天然动、植物油、清油（熟油）、合成油
2	T	天然树脂漆类	松香及其衍生物、虫胶、乳酪素、动物胶、大漆及其衍生物
3	F	酚醛树脂漆类	改性酚醛树脂、纯酚醛树脂
4	L	沥青漆类	天然沥青、石油沥青、煤焦油沥青
5	C	酸树脂漆类	甘油醇酸树脂、季戊四醇酸树脂，其他改性醇酸树脂
6	A	氨基树脂漆类	脲醛树脂、三聚氰胺甲醛树脂、聚酰亚胺树脂
7	Q	硝基漆类	硝酸纤维素
8	M	纤维素漆类	乙基纤维、苄基纤维、羟甲基纤维、醋酸纤维、醋酸丁酸纤维、其他纤维及醚类
9	G	过氯乙烯漆类	过氯乙烯树脂
10	X	乙烯漆类	氯乙烯共聚树脂、聚醋酸乙烯及其共聚物、聚乙烯醇缩醛树脂、聚二乙烯乙炔树脂、含氟树脂
11	B	丙烯酸漆类	丙烯酸酯树脂、丙烯酸共聚物及其改性树脂

序号	代号（汉语拼音字母）	按成膜物质划分类型	主要成膜物质
12	Z	聚酯漆类	饱和聚酯树脂、不饱和聚酯树脂
13	H	环氧树脂漆类	环氧树脂、改性环氧树脂
14	S	聚氨酯漆类	聚氨基甲酸酯
15	W	元素有机漆类	有机硅、有机钛、有机铝等元素的有机聚合物
16	J	橡胶漆类	天然橡胶及其衍生物，合成橡胶及其衍生物
17	E	其他漆类	不包括在以上所列的其他成膜物质

（2）涂料的命名

目前，建筑涂料在我国尚没有统一的命名原则，仍沿袭传统的命名方法：

涂料名称＝颜色或颜料名称＋主要成膜物质名＋基本名称

例如与上式相对应的：

大红醇酸磁漆＝大红（颜色）＋醇酸（成膜物质名）＋磁漆（基本名称）

（3）涂料的编号

涂料型号由三个部分组成：

成膜物质（汉语拼音字母表示）＋基本名称（二位数字表示）＋序号

序号以表示同类品种间的组成，配合比或用途不同。

例：

辅助材料型号由两部分组成，第一部分是辅助材料种类（取

汉语拼音的字母表示）；第二部分是序号。

例：防潮剂的"防"拼名为Fang，取F。

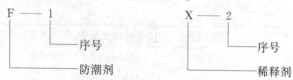

涂料的基本名称编号见表3-2。

部分涂料的基本名称编号　　　　　　　表3-2

代号	基本名称	代号	基本名称	代号	基本名称
00	清油	30	（浸渍）绝缘漆	55	耐水漆
01	清漆	31	（覆盖）绝缘漆	60	防火漆
02	厚漆	32	绝缘（磁、烘）漆	61	耐热漆
03	调和漆	33	（粘合）绝缘漆	62	示温漆（变色漆）
04	磁漆	34	漆包线漆	63	涂布漆
05	烘漆	35	硅钢片漆	64	可剥漆
06	底漆	36	电容器漆	65	粉末涂料
07	腻子	37	电阻漆、电位器漆	66	感光涂料
08	水溶性漆、乳胶漆、电泳漆	38	半导体漆	67	隔热漆
09	大漆	40	防污漆、防蛆漆	80	地板漆
10	锤纹漆	41	水线漆	81	渔网漆
11	皱纹漆	42	甲板漆、甲板防滑漆	82	锅炉漆
12	裂纹漆	43	船壳漆	83	烟囱漆
13	晶纹漆	44	船底漆	84	黑板漆
14	透明漆	50	耐酸漆	85	调色漆
15	斑纹漆	51	耐碱漆	86	标志漆、马路划线漆
20	铅笔漆	52	防腐漆	98	胶液
22	木器漆	53	防锈漆	99	其他
23	罐头漆	54	耐油漆		

涂料辅助材料分类表见 3-3。

辅助材料分类表　　　　　表 3-3

序　号	代　号	名　称	序　号	代　号	名　称
1	X	稀释剂	4	T	脱漆剂
2	F	防潮剂	5	H	固化剂
3	G	催干剂	6	Z	增塑剂

4. 涂料的成膜与成活质量

（1）涂膜类型

涂料的成膜物质主要是胶粘剂。涂料的种类不同形成的涂膜类型也不同。

涂膜的类型，根据涂膜的分子结构，分为三类（图 3-2）。

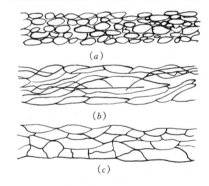

图 3-2　涂膜分子结构
（a）低分子球状结构；（b）线型分子结构；
（c）体型网状分子结构

低分子球状结构的涂膜是由大量球形或类似球形的低分子组成。对木材的附着力好。但分子之间联系不紧密，大多数不耐水、不耐热，耐腐蚀性、耐磨性差，弹性低。

线型分子球状结构的涂膜是由直链型或支链型分子组成，分子之间相互交织。性能高于低分子结构的涂膜。

体型网状分子结构的涂膜，分子内许多侧链紧密连接，这类涂膜的耐水、耐候、耐磨、耐腐蚀性能高于其他分子结构的涂膜。

（2）成膜方式

涂料的成膜方式，主要取决于成膜物质的分子结构和化学性质。

主要的成膜方式：

氧化聚合型成膜。这类涂料的成膜用两种方式完成：一方面靠溶剂的挥发；另一方面靠成膜和物质的氧化、聚合、缩合等化学反应由低分子转化成高分子，故称"转化型涂料"。如常用的油性漆、油基漆等。成膜的化学反应需要时间较长，涂层干燥缓慢。

固化型成膜。这类涂料的成膜，必须加入固化剂。固化剂中的活性元素或活性基因能使成膜物质的分子发生化学反应，交联固化成高分子涂膜。如聚氨酯树脂漆、环氧树脂漆等。

热固型成膜。这类涂料必须经过一定温度的时间的烘烤，使成膜物质分子中的官能团发生交联固化，形成连续完整致密的网状高分子涂膜。如常用的氨基醇烘漆，环氧树脂烘漆等。

挥发型成膜。这类涂料的成膜物质必须先进行溶解（稀释），涂刷在基层表面，然后在常温下干燥成膜。

涂料的成膜过程如图 3-3 所示。

稀释的溶剂，水溶性涂料以水作为溶剂；溶剂型涂料以有机溶剂作为溶剂。如常用水溶性环氧树脂涂料、水溶性聚氨酯树脂涂料、虫胶漆、硝基漆等。

（3）成活质量

影响涂膜成活质量主要来自于主要成膜物质、次要成膜物质、辅助成膜物质三个方面。

主要成膜物质对成活质量的影响：

涂膜中主要成膜物质分为油料和树脂两大类。故树脂和油料的比例，对成活质量有很大的影响。我们可以通过油脂漆不同油度的性能比较，得出以上结论。例如，硝基漆主要的成膜物质是

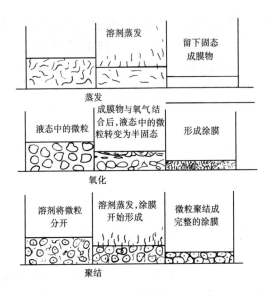

图 3-3 涂料的成膜过程

硝化棉，成膜虽坚硬，但柔性、附着力、光泽差，不耐紫外线。若添加另一种成膜物质合成树脂，就大大的提高了成膜物质的固体含量，光泽和附着力都得到了加强，提高了成活质量。

次要成膜物质对成活质量的影响：

次要成膜物质是颜料。涂料中若使用颜料不当会影响成活质量。如果颜料密度大、颗粒粗或研磨的细度不够，就会使涂料发生沉淀，底部结块，形成的涂膜粗糙、粗粒凸出膜面，破坏膜层。如果因颜料的密度、粗粒大小不一，润湿力不同，颜料中含有空气，就会使涂膜产生泛色、浮色、丝纹等发花现象。

辅助成膜物质对成活质量的影响：

辅助成膜物质主要是溶剂、催干剂等。溶剂、催干剂选用不当或用量失控，会使涂膜出现皱纹、桔皮、失光和露底等现象。

产生皱纹、桔皮的原因，主要是选用了挥发性快的溶剂，使涂料在成膜过程中形成涡流，涂膜未待流平时已经表干。流平性差，成膜厚度难以均匀，比较薄的部位就容易被拉裂。另外，涂料黏度过大，平流不畅也会造成此现象。涂膜失光和露底，主要是溶剂过量、颜料密度变小、冲淡等原因造成的。

5. 建筑涂料的选择

建筑涂料的选择应注重质量和功能的要求，对建筑涂料的质量指标要多加关注和了解，建筑涂料的选择应注意以下几个方面：

（1）与建筑物的应用目的是否一致

应用目的主要是指遮盖力，耐洗刷性，耐老化性是否达到应用要求。

遮盖力。指涂膜遮盖基层表面不露底色的能力。即单位千克重量涂料可涂刷的面积。涂刷面积应以湿遮盖能力为准，如以干遮盖能力计算，就会降低涂层的质量。

1）耐洗刷性。耐洗刷性是建筑涂料（特别是外墙涂料）一个特别重要的质量指标。涂料的耐洗刷性低，建筑涂料经雨水冲刷，或经清洁墙面的擦洗后，基层就容易露底。

2）耐老化性。建筑涂料的耐老化性，是指其发挥正常功能的使用寿命。外界很多因素都会导致建筑涂料性能发生变化，如褪色、变色、粉化、龟裂等。衡量建筑涂料的耐老化性的标准，一是初始的质量指标；二是其老化后的性能变化。

（2）为达到应用目的必须具备的性能

建筑涂料为达到应用目的应该具备外观质量、含固量等标准性能。外观质量俗称开罐性，是直观判断涂料质量的最简单实用的方法。涂料沉积严重、有结块、凝聚、霉变，其质量就很难保证。含固量主要是指成膜物质的含量，反应型涂料与乳液型（或溶剂型）涂料的含固量差别很大（30%～50%之间），同面积相等的情况下，涂膜厚度就有较大差别。

（3）建筑涂料是否与基层品质适应

新材料的广泛应用和推广，使建筑涂料涂饰的基层出现许多不同的材质，不同的材质有不同的表面张力、不同的致密性、不同的含水率、不同的平整度，这就对建筑涂料的品质提出了不同

的要求（见表 3-4、表 3-5）

各种材质的特点 表 3-4

材 质	特 点
水泥混凝土	碱性大，干燥慢，表面平整度差，且容易有空鼓、麻面
水泥砂浆	干燥快，碱性较混凝土大
石棉水泥板	表面粉尘多，吸水性极大，表面强度低
石棉板	表面粉尘多，强度高，吸水性低
石膏板	表面强度差，含水率低，吸收性一般
钢材	受温差影响胀缩大，易锈蚀
三合板	含水率变化较大，易泛色
塑料	表面有增塑剂迁移

涂料性能与适应基层 表 3-5

涂料品种	成膜物质	状态	涂膜性能					适应基层			
			耐水性	耐碱性	耐酸性	耐油性	耐候性	水泥	木材	钢材	铝材
醇酸树脂漆	醇酸树脂	溶剂型	○	×	◎	○	○	√	√	✕	
酚醛树脂漆	酚醛树脂	溶剂型	☆	△	◎	○	○	√	√	✕	
硝基漆	醇酸树脂硝化棉	溶剂型	○	×	◎	☆	○	√	√	✕	
醋酸乙烯涂料	聚醋酸乙烯乳液（白胶）	水乳型	◎	○	△	◎		√	√		
丙烯酸树脂涂料	丙烯酸树脂	溶剂型	☆	○	○	○	☆	√		✕	√
水性丙烯酸涂料	丙烯酸乳液	水乳型	○	○	△	◎		√	√		
水性有光丙烯酸涂料	丙烯酸乳液	水乳型	○	○	△	◎		√	√		
环氧树脂涂料	环氧树脂	双组分	☆	☆	☆	☆	◎	√		√	√
聚氨酯涂料	聚氨酯	双组分	☆	☆	☆	☆	○	√	√	√	
聚氨酯丙烯酸涂料	聚氨酯丙烯酸树脂	双组分	☆	☆	○	◎	○	√	√	√	
聚酯涂料	不饱和聚酯	双组分	☆	○	○	◎		√	√		
有机硅丙烯酸涂料	硅橡胶丙烯酸树脂	双组分	☆	☆	☆	☆	☆	√	√	√	√
含氟涂料	含氟树脂	双组分	☆	☆	☆	☆	☆	√	√	√	
无机涂料	硅酸盐	溶液型	☆	☆	×	☆	○	√			

注：☆优，○良，◎一般，△差，×劣，√适用，✕需配用底涂。

（二）腻　子

被涂饰的基层表面往往存在如凹坑、裂痕、钉眼、木纹、棕眼等缺陷，在施涂前必须用腻子对其进行处理，遮盖修补。否则，存在的缺陷会影响成膜质量和装饰效果，不能充分发挥涂料的功能作用。

腻子是涂饰不可缺少的材料。一般由涂料生产厂家配套生产供应。为了保证涂饰质量，最好尽量选用市场上配售的腻子。但在具体施工中，因为涂饰基层的特点各异，使用要求不同，施工条件的约束等等，往往也需要自行进行配置。

腻子的主要构成成分有：填充料、着色颜料、胶粘材料、溶剂及水等。

1. 填充料（体质颜料）

（1）熟石膏粉。加水后成为石膏浆，具有可塑性，并迅速硬化。石膏浆硬化后，膨胀量约为1%。用它调成的腻子，韧性好、批刮方便、干燥快、容易打磨。

（2）滑石粉。是由滑石和透闪石矿的混合物精研加工成的白色粉状材料。它在腻子中能起抗拉和防沉淀的作用，同时还能增强腻子的弹性、抗裂性和和易性。

（3）碳酸钙。俗称大白粉、老粉、白垩土。它是由滑石、矾石或青石等精研加工成的白色粉末状材料。它在腻子中主要起填充扩大腻子体积的作用，并能增强腻子的硬度。

2. 胶粘材料

常用的胶粘材料有血料、熟桐油（光油）、清油、清漆、合成树脂溶液、纤维素、菜胶、108胶和水等。它与填充颜料拌在一起，在腻子中起到重要的粘结作用，使腻子与物体表面结成牢固的腻子层。

血料。常用的血料为熟猪血。将生猪血加块石灰经调制后便成熟猪血。生猪血用于传统油漆打底，熟猪血用于调配腻子或打底。血料是一种传统的胶料剂，由于猪血难以贮存，如今在一般装饰工程上，已被108胶或其他化学胶取代。

熟桐油。又称光油。它具有光泽亮、干燥快、耐磨性好等特点。

3. 溶剂

溶剂主要是用于稀释胶粘材料，腻子使用的溶剂主要有松香水、松节油、200号溶剂汽油、煤油、香蕉水、酒精和二甲苯等。

4. 颜料

颜料在腻子中起着色作用。其用量在腻子的组成中只占很少一部分。

5. 水

水可以提高腻子的和易性和可塑性，便于批刮，并有助于石膏的膨胀。调配腻子应用洁净的水，pH值为7。

（三）玻璃和镶嵌材料

1. 玻璃的品种、性能、适用范围

在现代建筑中，玻璃是不可缺少的建筑材料。当代玻璃制造与加工技术的飞速发展，建筑玻璃已从单一的采光的功能发展为具有控光、保温、隔热、隔声及建筑物内外装饰的多品种、多功能建筑材料。建筑玻璃的品种见表3-6。

其中以无色透明的平板玻璃应用最为广泛。

（1）平板玻璃。平板玻璃按成型方法，可以分为普通平板玻璃和浮法玻璃。它具有表面光滑，即透光又透视的功能，主要用于建筑物内外门窗上。

（2）磨砂玻璃。是平板玻璃经研磨而成的，又称毛玻璃。它一面毛一面光，透光不透视，光线照射后不易扩散，能达到保护视力的作用。常用于浴室、卫生间及实验室部位的门窗、隔断、壁柜门上。用于浴室、卫生间时，应将其毛面朝外。

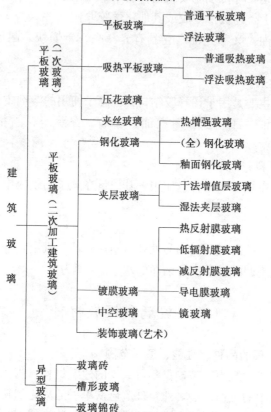

（3）压花玻璃。是一种单面有凹凸花纹的半透明玻璃，仍具有较好的透光性，不能透视，其花纹有装饰效果。常用于浴室、卫生间的门窗上，但要注意将其花纹面朝外，也可用于隔断和家具上。

（4）磨光玻璃。是对平板玻璃再做研磨、抛光。具有透亮光洁、透视物体不变形的效果，经精加工还可以制成镜面玻璃，用于高级公共、居住建筑工程的门窗和室内装饰。

（5）彩色玻璃。又称有色玻璃。分透明和不透明两种。它是在玻璃原料中掺入适量的金属氧化物等材料制成各种有色的透明平板玻璃及彩色压花玻璃。用于高级公共、居住建筑工程对采光和装饰有特殊要求的部位上。

钢化玻璃、夹丝玻璃、防火、防爆玻璃、夹层玻璃、双层和多层中空玻璃等都属于具有特殊使用要求的玻璃。一般使用在有抗震、抗冲击、耐高温、防盗、防火、防爆等功能要求的部位。

2. 镶嵌材料

（1）油灰

为了使门窗玻璃安装牢固、密封。常使用油性腻子进行辅助性固定。这种腻子俗称油灰。在市场上可以直接购买，使用也方便。油灰主要应具有对基层表面有附着力和耐老化性能。

油灰一般是由石膏粉、滑石粉、白垩土与少量的熟油（熟桐油、熟亚麻仁油等天然干性油）配制而成。油灰的种类见表3-7。

油灰的质量可用下列方法鉴别：手感柔软、有拉力、不泛油、不粘手；

玻璃油灰的主要种类　　　　　　　　　　表 3-7

种　类	组　成	性　能	用　途
亚麻仁、油油灰	由亚麻仁油天然干性油与碳酸钙及其他特殊填料配制	具有塑性，嵌打时不断裂，不出麻面，可在20d内硬化，需在14d内涂刷涂料保护	木制门窗
金属窗、油灰	在亚麻仁油油灰中添加红丹和铅油	除具有油灰的一般性能外，还具有防锈作用，在7～28d内需涂刷涂料保护	金属门窗
橡胶油灰	由干性油、非干性油、碳酸钙及丁基橡胶配成	既可固化又可持久地保持柔韧性	木制及金属门窗

油灰嵌抹后，在常温下 20 昼夜内达到干燥结成固体；延展度为 55～66mm 之间；—30℃每次 6h 冻融，反复五次不开裂、不脱落；60℃每次 6h 耐热，反复五次不流淌、不起泡、不起皮；粘结力不小于 0.05MPa。

（2）橡胶嵌条

随着铝合金门窗、钢门窗的大量使用，各种规格的橡胶嵌条代替了传统的油灰。橡胶嵌条在防水、防风、防尘、防震，使用寿命等方面优于油灰。

（3）密封胶

玻璃密封胶主要以氯丁密封胶，聚氨酯密封胶和硅酮密封胶为主。普通钢、铝合金门窗玻璃的密封可采用前两种密封材料，对要求较高的门窗玻璃安装可以采用后一种密封材料。在使用密封胶时，要注意与基层面的相容性，不能发生影响粘结性的化学变化，以免对被粘结基层产生腐蚀。

（四）壁纸、胶黏剂（胶水）

1. 常用壁纸的种类、性能

壁纸是一种广泛用于室内墙面、顶棚、梁柱等部位的装饰材料，它具有质感强、色彩丰富、装饰效果好、施工方便等特点。壁纸品种繁多，可以按外观装饰效果、功能、施工方法、基底材料的不同进行不同的分类。

目前，国内常用的壁纸有：PVC 塑料壁纸、乙烯基壁纸、浮雕型壁纸、带胶型壁纸。

（1）PVC 塑料壁纸

纸基，聚氯乙烯树脂罩面。目前国内使用最为普遍。无毒、防霉，可经常擦洗，遇水、胶后膨胀，干后收缩。横向膨胀率为 0.5%～1.2%；收缩率为 0.2%～0.8%。具有一定的透气性，对基面干燥要求不十分严格。

（2）乙烯基壁纸

进口壁纸大多属于这一类。有布衬、纸衬、纤维编织或纯乙烯基几种。质地柔软、防潮、耐磨，可经常刷洗，透气性差，对墙面含水率要求十分严格。

（3）浮雕型壁纸

由发泡剂产生凸起的图案，具有立体感。

（4）带胶型壁纸

壁纸背面已预先涂好粘结剂，施工方便。

浮雕壁纸主要突出其图案的立体感；带胶壁纸主要突出其施工方便；其性能与 PVC 壁纸、乙烯基壁纸大致相当。

对塑料壁纸的技术要求：

外观：不允许有色差、折印、明显的污点，印花无错位（偏差不能大于 1mm）或漏印，印花要达到一定的深度。

褪色性（光老化）试验：在老化试验机内碳棒光照 20h 以上不应有褪变色现象；

耐磨性试验：湿磨 2 次，干磨 25 次无明显掉色；

湿强度试验：纵横向抗拉强度大于 $1.96N/1.5cm^2$；

施工性试验：将壁纸试件按试验要求粘贴在硬木板上，在 2h、4h、24h 的观察指定的三个（阴阳角和平面处）部位，不得有浮起和剥落。

2. 常用胶黏剂（胶水）

壁纸胶黏剂的主要性能：有一定的粘贴强度，还应具备耐水、防潮、杀菌、防霉、耐久等性能。

常用主要的胶黏材料有 108 建筑胶水、白胶等。

（1）108 胶，又称"聚乙烯醇缩甲醛胶"，是以聚乙烯醇与甲醛在酸性介质中进行综合反应而制得的一种高分子粘结溶液，属半透明或透明水溶液。无臭、无味、无毒，有良好的粘结性能，粘结强度可达 0.9MPa。它在常温下能长期储存，但在低温状态下易发生冻胶，长时间放在高温条件下可能会发霉变污。聚乙烯醇缩甲醛胶除了可用于壁纸、墙布的裱糊外，还可用作室内外墙面、地面涂料的配置材料。与石膏粉或滑石粉掺合成膏状物，可用于室内外墙面的基层处理，在普通水泥砂浆内加入108胶后，能增加砂浆与基层的粘结力。

（2）白胶（聚醋酸乙烯乳液）。其粘结强度和耐水性能好，含水量高、不透明、使用广泛，对单薄易透底的壁纸不会出现黄色胶痕。价格高于107建筑胶水。

四、常用工具、机械及其使用与维护

（一）手 工 工 具

涂饰工程主要手工工具有腻子刀（又称铲刀）、牛角刮刀（又称牛角翘）、钢板刮刀、橡胶刮板（又称胶皮刮刀）、硬塑刮板、嵌刀、腻子盘、托腻子板、搅拌棒、提桶与涂料盘及各种漆刷等，见图 4-1。

1. 腻子刀

腻子刀：腻子刀由木柄、刀板、圆形薄铁箍组成。木柄可用松木、桦木等制成，刀板用弹性较好的钢板制成。腻子刀按刃口的长度可分为 25.4mm（1in），38.1mm（1～1/2in），44.5mm（1～3/4in），50.8mm（2in），63.5mm（2～1/2in）、76.2mm（3in）、101.6mm（4in）、127mm（5in）、152mm（6in），177.8mm（7in）等多种。

腻子刀适用于填补刮涂被涂件表面缺陷，同时可用于在腻子盘中调制搅拌腻子。刮涂和搅拌调制腻子前，应将腻子刀刃口磨锋利，刀口两角应磨齐，横向要成一条直线，纵向不得高低不一。将腻子刀的一面刃口沿其宽度蘸上腻子，一次蘸腻子量的多少要视被涂件表面缺陷的程度而定，一般每次不宜过多。刮涂操作时，腻子刀蘸有腻子的一面刃口与被涂件表面应倾斜成一定角度（最初大约保持 45°），随着不断地移动，逐渐倾斜，最后约为 15℃，由被涂件表面缺陷处开始，从上至下，或从左向右，依靠手腕移动用力平行刮涂，不得回带。

最好对刮刀尖端施加均匀的力，不要左右用力。如果用力不均匀，就会产生接缝式的条纹。一次填刮不合格需再刮 2～3 道

(1) 铲刀、腻子乱刀　(2) 钢刮板　(3) 牛角刮刀　(4) 橡胶刮刀

(5) 调料刀　(6) 油灰刀(7) 斜面刮刀　(8) 刮刀

(9) 剁刀　(10) 尖镘　(11) 搅拌棒

(12) 金履刷　(13) 滤漆筛　(14) 托板　(15) 打磨块

(16) 提桶　(17) 桶钩　(18) 涂料盘　(19) 涂料擦

(20) 排笔　(21) 压力送料刷　(22) 长柄刷　(23) 弯头刷

(24) 漏花刷(25) 清洗刷　(26) 画线刷

(27) 修饰刷　(27) 剁点刷

图 4-1　涂饰工程的常用工具

时，腻子刀的使用方法与第一次刮涂相同。腻子刀两面刃口不宜同时蘸上腻子使用，而应保持一面刃口是清洁的。使用腻子刀清理刮涂件表面杂物、微小焊渣等物时，腻子刀的刃，口与被清理物表面同样应倾斜一定角度，不允许腻子刀刃口垂直于被清理物表面，操作时可以由上至下刮除，或从左向右均匀用力铲除干净。腻子刀不得磨得过于锋利，以防划伤工件或出现工伤事故。操作时，不得用力过猛，以免弯曲变形或折断，更不得在铁器上

随意敲打，以免损坏或产生火星引起火灾事故。腻子刀使用后，应及时用刮板、腻子的配套溶剂清洗并用布擦净，然后涂上中性防锈油，置于干燥处备用，切勿使刀面接触水、油、化学腐蚀性物质，以免刀面腐蚀损坏。一旦刀面产生锈蚀，使用前应用细砂布磨掉锈蚀物。操作时，不得用腻子刀推铲硬度高于腻子刀的杂物。

2. 牛角刮刀

新的牛角刮刀刃口较厚，使用前应将刃口磨成 20°的斜度，刃口处要薄，但不可磨得过薄。刮涂时，根据被涂件表面孔、凹坑、缝隙等缺陷程度，决定蘸取腻子的多少。使用时，将其一面刃口蘸取腻子，另一面刃口应保持清洁，先填充，后刮平。刮涂方法是先由下往上刮，再由上向下刮，为一次；可刮 1～2 次。要求填满，填实，腻子层表面应无毛边，达到光滑平整。刮涂过程中，可使用不同规格的刮刀配合填刮，同时使用腻子刀配合刮涂修整。牛角刮刀不能受热，用后清洗时不可在溶剂和水中浸泡时间过长。否则会使牛角刮刀弯曲变形。牛角刮刀因放置不当、受潮或受重力压迫时间过久，会产生弯曲变形。因此牛角刮刀不用时，应置于干燥处，勿使其受压变形。牛角刮刀的保管可使用专用夹具。因保管不善，牛角刮刀产生弯曲变形时，可用温水浸泡后放在光滑平整的重物下面压一定时间后即可恢复原状。

3. 钢板刮刀

钢板刮刀是由 0.5～1mm 厚的弹簧钢板或镀锌铁板制成的，有宽度不等的多种规格。为了操作方便，在无刃口的一端，弯曲成椭圆形。钢板刮刀具有较好的强度和弹性，不易磨损，又有多种规格，适宜刮涂较大平面，并能刮涂凸凹不平的粗糙表面。钢板刮刀使用前，需将刀口磨薄，磨平整，不要磨得过于锋利，以防损坏工件或划伤人。操作时，刮刀不能在手中任意松动，将刀口一面蘸取腻子，另一面作为刮平腻子的毛边和腻子渣使用。钢板刮刀使用后，要及时清洗、擦净后置于干燥处备用。钢板刮刀不能在水中长期浸泡，也不可放在潮湿处保管，以防生锈腐蚀，不用时应采用油封保管。

4. 橡胶刮板（胶皮刮刀）

橡胶刮板是由 4～12mm 厚的耐油、耐溶剂、膨胀系数较小的橡胶板制成，其外形尺寸和形状可根据需要确定，有的用木板夹起做柄，有的全用整块橡胶板制成。新制的橡胶刮板，应用砂轮或 100 号砂纸将刃口磨平、磨齐、磨薄，表面不得有凹凸。橡胶刮板应有很好的弹性，适于刮涂形状复杂的被涂油件表面，尤其是刮涂圆角、沟槽等处特别方便。橡胶刮板有多种规格配套使用，以适应刮涂不同形状、大小的被涂件。操作时，小规格的橡胶刮板的握法是拇指在前，食指、中指在后握紧，不要在手中松动。大规格的橡胶刮板的握法是拇指在前，其余四指在后，压住刮板的正反两面。操作时，应用刮板的一面刃口蘸腻子，保持另一面的清洁，作为清除腻子的毛边或腻子渣以及修整、刮光腻子涂层表面时用。大规格的橡胶刮板，适用于刮涂大平面，操作时可先将腻子呈条状堆在被刮涂件表面，再用刮板刮平并修整平滑。

橡胶刮板使用后，应及时清除刮板上粘有的腻子，可用溶剂、汽油和水清洗并擦净晾干，但绝对不能在溶剂、汽油和水中浸泡过久，否则会使橡胶刮板膨胀变形甚至报废。

橡胶刮板因保管放置不当、受油污及腐蚀性化学药品污染过久，都会使之产生膨胀变形而报废。为防止橡胶刮板变形，可采用类似牛角刮刀的专用夹具保管。

5. 嵌刀

嵌刀又称脚刀，用普通钢板制成，两端有刃口，其中一端为斜刃，另一端为平刃。也可用钳工手锯条磨出刃口缠上胶布即成。嵌刀用于将腻子嵌入被涂件表面孔眼、缝隙或剔除转角、夹缝中的杂物时使用。

6. 腻子盘

腻子盘用 1.0～1.5mm 厚的低碳钢板制成，用于调配腻子或盛装腻子用。常用的规格有 250mm × 180mm × 50mm、

1300mm×200mm×50mm 等多种规格。用于制作腻子盘的钢板应光滑平整，表面不得有孔、坑、凹凸不平等缺陷，以免装过腻子后不易清洗干净。如需在腻子盘内调制搅拌腻子，一次调制量不宜太多，够用为宜，勿占整盘。腻子盘使用后，应及时用腻子的配套溶剂清洗干净，晾干后置于干燥处备用。

使用腻子刀在腻子盘内调制搅拌腻子时，不可用力过大，切勿划伤腻子盘底部。调制腻子时，应将腻子盘放在平整的工作台面上。不应使腻子盘接触水等腐蚀介质，保管时不能受潮，防止生锈。

7. 托腻子板

可用钢板、木板或胶合板等制成。用于刮腻子时盛放少许腻子，以方便施工，也可采用大型钢板刮刀代用。

8. 刷子

刷涂工具有漆刷、盛漆容器等。

漆刷的种类很多，按形状可分为圆形、扁形和歪脖形 3 种；按制作的材料可分为硬毛刷和软毛刷两种。硬毛刷主要用猪鬃制作，软毛刷常用狼毫、獾毛、绵羊毛和山羊毛等制作。

漆刷一般以鬃厚、口齐、根硬、头软、无断毛和掉毛，蘸溶剂后甩动漆刷而漆刷前端不分开者为上品。新漆刷使用前，用手指将刷毛向各方向拨动，或者轻轻敲打漆刷，在排除脏物的同时将能拔掉的刷毛尽量拔掉。如遇上掉毛的漆刷，可以在刷毛的根部渗入虫胶漆或硝基漆来固定，或在两边的铁皮上钉上几个小钉。

刷涂磁漆、调和漆和底漆的刷子，应选用扁形或歪脖形的硬毛刷，刷毛的弹性要大，因为这类漆的黏度较大。

刷涂油性清漆的刷子，应该选用刷毛较薄、弹性较好的猪鬃或羊毛等混合制作的刷子。

刷涂树脂清漆和其他清漆的刷子，应该选用软毛板刷或歪脖形刷子，因为这些漆的黏度较小，干燥迅速，而且在刷涂第二遍时，容易使下层的漆膜溶解，要求刷毛前端柔软，还要有适当的弹性。

天然大漆的黏度较大，需要用特制的刷子，一般多用人发、马尾等制作，外用木板夹住，毛发很短，弹性特别大。

常用的漆刷如图 4-2 所示。

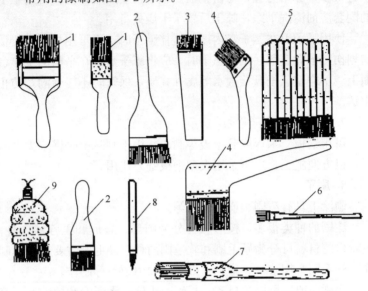

图 4-2　常用的漆刷

1—扁形刷；2—板刷；3—大漆刷；4—长柄扁形刷（歪脖刷）；5—竹管排笔刷；

6—长圆杆扁头笔刷；7—圆形刷；8—毛笔；9—棕丝刷

刷头宽：扁形刷指刷壳宽度的外尺寸；圆形刷指刷壳外直径。

刷头厚：指刷壳两外平面之间的尺寸。

刷柄长：指刷柄外露部分的长度。

刷鬃长：指刷鬃外露部分的长度。

（1）扁形刷

扁形刷由木把、刷毛和薄铁箍组成。

1）扁形刷的正确使用。扁形刷是刷涂生产中最常用的刷子，操作使用方便，生产效率高，刷涂质量好。鬃毛越长越厚越耐

44

用。刷毛越直、齐、密并富有弹性，施工质量越好。漆刷在使用前，应用剪刀剪齐刷毛尖部，要求横向成一条直线，纵向无长短不齐，新漆刷初次使用时刷毛易脱落，应将漆刷放在 1 号砂布上，来回砂磨刷毛头部，将其磨顺磨齐，然后即可蘸取少量油漆在旧的物面上来回涂刷数次，使其浮毛、碎毛脱落。此外，漆刷使用前，还应检查刷头与刷柄是否松动。如有松动，可在两面的铁框上各钉几个钉子加固。刷涂水平面时，每次蘸漆按毛长的2/3；刷涂垂直面时，每次蘸漆按毛长的 1/2；刷涂小件时，每次蘸漆按毛长的 1/3。每次蘸漆后应将刷子的两面在漆桶的内壁上轻拍几下，这样上漆时漆液不易滴落。

2）拇指在前，食指、中指在后，抵住接近刷柄与刷毛连接处的薄铁皮卡箍上部的木柄，刷子应握紧，不使刷子在手中任意松动。

3）拇指握刷子的一面，食指按搭在刷柄的前侧面，其余三指按压在大拇指相对面的刷柄上，刷柄上端紧靠虎口，刷子与手掌近似垂直状，适用于横刷、上刷、描字等。刷子的握法如图4-3 所示。

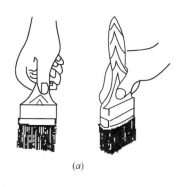

(a)   *(b)*

图 4-3　刷子的握法

(a) 横握法；*(b)* 直握法

4）大拇指按压在刷柄上，另外四指和掌心握住刷柄，漆刷和手基本处于直线状态，适用于直刷、横刷、下刷等操作。

上述 3 种握法必须握紧刷柄不得松动，靠手腕的力量运刷，必要时以手臂和身体的移动配合来扩大涂刷范围，增加刷涂力量，涂料的黏度为 30～50s（涂—4 黏度计，25℃）。

（2）扁平刷的维护保养

1）保持刷毛的清洁，不得受外力或人为因素影响使刷毛脱落。发现掉毛时，可采用清漆或胶漆将刷毛根部固定。

2）刷涂油脂漆、天然树脂漆后的刷子，应采用 200 号溶剂汽油、煤油进行清洗。刷涂合成树脂涂料后的刷子，应采用配套的稀释剂进行清洗。每刷涂一种颜色的涂料后，必须采用配套的稀释剂进行清洗。严格禁止将刷涂过几种不同颜色涂料或不同类型、品种涂料的多把刷子，同时在一个清洗容器内清洗。经过上述正确清洗干净后的刷子都应晾干，理顺刷毛，然后用油纸包好备用。

3）刷子在短时间内中断施工时，应将刷子的鬃毛部分垂直悬挂在相应的溶剂或水里，不让鬃毛露出液面，也不要使刷毛尖部碰到容器的底部，否则因时间久了，刷子的鬃毛会受压变形，刷子就不好用了。

4）刷子长时间不用时，必须用相应的稀释剂彻底清洗干净后晾干，最好放些樟脑粉，以防虫蛀，并用油纸包好，置于干燥的地方。

5）一旦刷子硬化了，可采用配套稀释剂浸泡，或浸在四氯化碳和苯的溶剂中，可使刷毛软化，再用铲刀刮去漆皮，将蓬松的刷毛用刀子沿刷毛两侧轻轻削薄、平整，再用剪刀剪齐刷毛尖部后即可。

6）刷子经多次使用和清洗后，铁皮卡箍会产生松动，可用小钉嵌入的方法进行修整。对于刷毛移位或脱落，可采用黏度较大的胶水或清漆粘固修复。

（3）圆形刷、板刷

圆形刷、板刷的正确使用及维护保养方法同扁形刷。

（4）排笔刷

排笔刷有多种规格，为握刷方便，排笔刷拼合竹管两侧均做成圆弧形状。常见的有 4 管、6 管、8 管、10 管、12 管排笔刷。

1）排笔刷的正确使用排笔刷握法如图 4-3 所示，大拇指在前，其余四指在后弯曲形成拳头状，抵住排笔的后面，紧握排笔刷的右侧竹管一边。操作时，排笔刷不得在手中任意松动。刷涂时，蘸涂料不能超过刷毛的 2/3 处，并应在涂料桶内壁两侧往复轻刮两下，理顺刷毛尖，同时利于涂料均匀布满刷毛头部。刷涂时，拉刷要拉开一定的距离，靠手腕的上下左右摆动均匀地进行刷涂，手臂与身体的移动相互配合，若正确地使用排笔刷，其刷涂质量要比使用其他刷涂工具的涂装质量好得多，尤其是刷涂大平面、木器等涂层质量要求较高的被涂件时，刷涂效率高，质量好。

2）排笔刷的维护保养排笔刷的刷涂部分由羊毛制成，羊毛质地柔软，毛径很细，易蓬松和脱落，使用前，同羊毛板刷一样，应先用热水浸泡，理平理顺刷毛，晾干后用油纸包好备用。使用时，只要用工业酒精浸软刷毛部分的 1/2，理顺刷毛尖后即可使用。已浸清漆的刷子，需用配套稀释剂浸泡刷毛的 1/2 即可。每次用过后，必须彻底清洗干净，尤其是刷涂带颜色的涂料，若清洗不及时或不干净时，会使白色刷毛染上涂料色，再使用时则会混色。清洗不干净，还很容易使刷毛根部硬化断裂脱落。

（5）大漆刷和棕丝刷

大漆刷和棕丝刷的结构不同于其他涂料刷子的结构，真正的大漆刷，是用人发、牛尾毛等制成。早期的大漆刷，是使用大漆粘结压形，干燥后在刷把上包布，再涂上多道大漆，干燥后成形为大漆刷。牛尾毛制作大型刷，人发制作小型刷。

目前，已可用各种涂料刷代替，用于刷涂大漆。棕丝刷的结构有多种形状规格，有完全用棕丝编织成的，也有刷毛部分是用棕丝制作的。

大漆刷和棕丝刷在机械行业中使用极少，故不详述。

（二）刷涂设备

刷涂设备有刷涂工作台、木合梯等，如图4-4所示。

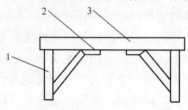

图4-4　刷涂用工作台结构示意图
1—台脚；2—加强斜梁；3—台板

1. 刷涂工作台

刷涂工作台有全木制、角钢焊接骨架钢板台面的全钢制和角钢焊接骨架木板台面3种结构形式。也有在木板台面上包钉1.5～3mm厚钢板的包钢板台面。刷涂工作台有长方形、方形、条形等多种。全木制刷涂工作台的材质，应是质地坚硬、不易断裂的优质木材，台板面为不含油质且无木结的30～60mm厚的刨光板。全木制工作台有很高的承重强度。为节省木材，增加承重强度，可采用大规格的角钢做加强斜梁。钢结构工作台，是用规格为45mm×45mm或60mm×60mm角钢，台板用2～3mm厚的冷轧钢板组焊接而成。

（1）刷涂工作台的正确使周方法刷涂工作台主要用于摆放被涂件、大小零部件、盛料桶、刷涂工具及各种工件的垫托物等。刷涂前，需将工作台面清扫干净。被涂件的摆放位置，应根据被涂件的形状、大小、刷涂部位等摆放好，要有利于刷涂操作。刷涂工作台仅限于摆放中、小型工件。操作时，应注意工作台的承重能力，不得超载。为避免涂料未干燥黏附而破坏涂层，应在工作台面上放置圆钢棒、角钢、方木等，作为摆放被涂件的垫托物，待已刷涂层表于后再翻转刷涂另一面。不能任意违反刷涂的操作程序。

（2）刷涂工作台的维护保养工作台摆放被涂件时，应轻拿轻放，严禁磕、碰、划伤被涂件和损坏工作台面。刷涂前，应彻底清扫干净工作台面。摆放的被涂件、盛漆料桶等不得超重。摆放的被涂件距工作台面边缘不得小于150mm，以免掉落损坏或砸伤操作者。应定期检查工作台台角、加强梁、台面等处是否有断裂现象，发现损坏应及时修理好后再使用。

2. 钢合梯（木合梯）

木合梯又称为合梯或高登。其结构如图 4-5 所示。

木合梯是由 4 根有足够强度的方形支撑边柱及供操作者上下并可起加强作用的多个横档方木组合构成。木合梯的材质，最好采用不易断裂、木质较轻的杉木制作。刷涂使用的木合梯规格有 5 档、7 档、9 档、11 档等多种，横档间距为 300～350mm，7 档以上的木合梯应装有足够强度的合页，将两梯的顶横梁合并，并作为刷涂工具的放置托板。9 档以上木合梯的最高档多采用钢制横档。

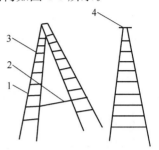

图 4-5　刷涂用木合梯结构示意图
1—支撑边柱；2—锁绳；
3—横档；4—顶板

（1）木合梯的正确使用使用前，应仔细检查木合梯的 4 个支撑边柱、横档、合页、横板等各组件，特别是组件的连接处有无裂损，有裂损应及时修理后再使用。木合梯的放置，一般是两单梯夹角约为 60°。为防止两单梯滑开，须在使用前用 4mm 以上的钢丝、尼龙绳或棕丝绳等将木合梯自底脚往上的第二档牢固系住。使用木合梯时，应轻拿轻放，使用前摆放不准用力放置或过猛用力扒开两单梯。使用后不得乱扔乱摔，以免损坏或伤人。摆放木合梯时，一定要四脚放平稳，完全接触地面。使用木合梯时，只准一人蹬梯操作，严格执行五档梯骑跨式蹬在第三档的两单梯的横档中间的位置上。7 档以上合梯，不得单面蹬梯操作，更不准站在最高档上操作。刷涂时，如果两人蹬梯操作，应使用两副木合梯，并用具有足够强度和弹性的脚踏板从两副木合梯最高档下的第二档上穿过，放置在第二档横档上的脚踏板的两端应露出横档不少于 30mm 以上。一副木合梯单人操作，或两副木合梯双人操作时，都应遵守个人刷涂只能是在手臂自然伸直后所达到的高低左右范围内进行操作，不准硬性踮起双脚，或将身体倾斜操作。刷涂使用的木合梯，不论档次高低，都不准站在最高一档上进行刷涂操作。刷涂工具，如塑料小桶、刷子等工具，若木合梯最高档上无围护措施，则不准放置，以防坠落伤人，损坏工具。木合梯的结构及安全操作如图 4-6 所示。

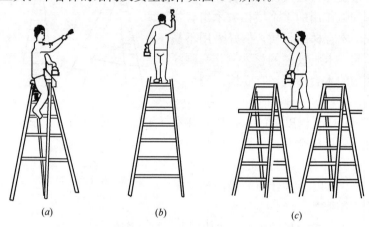

(a)　　　　　　　(b)　　　　　　　(c)

图 4-6　木合梯的结构及安全操作
(a)、(c) 正确使用方法；(b) 不正确使用方法

（2）木合梯的维护与保养　使用前，一定要严格检查木合梯每个部位有无断裂处，最高档上的合页有无锈蚀，木螺钉有无脱落。发现故障应及时维修后再使用。操作时，要保持木合梯的清洁，被涂料或溶剂污染后要及时清理干净。不允许站在最高档上面刷漆，也不允许在最高档上放置脚踏板，更不得在无围护措施的最高档上放置塑料小桶和刷涂工具，以避免滑落伤人或摔坏涂料桶，造成木合梯污染。此外，使用前后，都应轻拿轻放，以免造成断裂损坏。木合梯不使用时，应置于室外凉爽干燥处，不得日晒雨淋。

3. 手工辊涂工具

手工辊涂是使用硬质聚氯乙烯塑料制成的直径不同的空心圆

柱形辊子。辊子表面由羊毛或合成纤维做的多孔吸附材料构成。由于手工辊涂不需要特别的技术，可以替代刷涂，广泛应用于工业和民用建筑中。手工辊涂工具见图4-7。压送式辊涂器见图4-8。

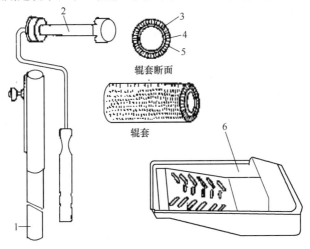

图 4-7 手工辊涂工具

1—长柄；2—辊子；3—芯材；4—黏着层；5—毛头；
6—辊涂盘（涂料容器）

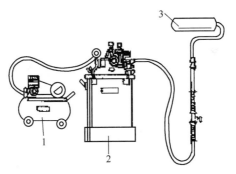

图 4-8 压送式辊涂器

1—空气压缩机 ；2—涂料罐；3—辊子

如图5-7所示，辊子由辊子本体和辊套组成。辊套可以自由装卸。辊套相当于漆刷部分，毛头接在芯材上。辊套的幅度有多种，长的有 18cm 和 23cm，直径为 4cm 等。芯材由塑料、纤维板、钢板等制成。毛头是纯羊毛、合成纤维或者并用。纯羊毛耐溶剂性强，适用于油性和合成树脂涂料。合成纤维耐水性好，适用于水性涂料。

手工辊子在使用前，应先用洁净的压缩空气吹净辊筒及手—柄，然后将涂料放入辊涂盘或涂料罐中，将辊子的一半提入涂料中，取出后在容器的板面上来回滚动几次，使辊子的辊套充分、均匀地浸透涂料。操作时，把辊子按 W 形轻轻地滚动，将涂料大致地分布在被涂件表面上，接着把辊子上下密集地滚动，将涂料涂布开来。最后用辊子按一定方向滚动，对辊子表面进行修饰。操作时需注意，最初用力要轻，随后逐渐加力。因为最初用力过猛会使涂料流落。辊子使用后，用木片刮去多余的涂料，用配套的稀释剂清洗干净，在干燥的布或纸上滚动数次，用油纸包好，置于干燥处保存。清洗辊子时，不可将辊涂不同颜色涂料的辊子在同一稀释剂中清洗，以免造成混色。

（三）搅　拌　机

1. 手提气动搅拌机

本产品适用于液-液，固-液的混合、稀释、溶解、反应、乳化、分散、悬浊、防止沉降等搅拌。特别适用于混气式喷涂的油漆搅拌；使用时安全防爆，长时间运转绝不会产生电火花，完全可以满足安全法规所规定的要求。配有快速接头，使用方便，无级调速（根据物料黏度调整转速）。

2. 气动搅拌机的特点：

（1）长时间工作不发热，使用寿命长，安全防爆，同时不受高温及振动的影响；

（2）转速无级调节，调气压大小即可控制转速；

（3）可长期满载工作，而温升较小；

（4）负载超重或卡死时马达不会发热损坏，并且能带载启动；

（5）使用时安全防爆，长时间运转绝不会产生电火花，完全可以满足安全法规所规定的要求；

（6）可在易燃、易爆、高温、潮湿等特殊环境下连续安全工作；

（7）适应与油漆、油墨、植物油、树脂、沥青、糖蜜、药液体、马达油、涂料等物料的搅拌。

3. 气动搅拌机性能

气动搅拌机的规格见表4-1。

气动搅拌机的规格　　　　　　　　　　　表4-1

功　率	1/8HP（1/4HP）
容　量	20L方桶或圆通
轴心尺寸	12mm×485mm
叶轮	133.3mm

注：1HP＝0.75kW

气动手持式潜水式搅拌类型　　　　　　　表4-2

动力类型	气动	应用领域	化工
适用物料	油漆涂料	加工定制	是
料桶容量	5～50（L）	搅拌机类型	真空搅拌机
型号	25L	搅拌鼓形状	圆槽型
转速范围	1400（r/min）	布局形式	立式
物料类型	固-液	品牌	安速
生产能力	25（L）	电机功率：	气动（kW）
作业方式	连续作业式	每次处理量范围	出料50～250（L）
搅拌方式	潜水式搅拌	装置方式	手持式

电动手提式机搅拌机类型　　　　　　　　　表 4-3

电动手提式机搅拌机类型	多功能搅拌机	应用领域	化工
物料类型	液-液	适用物料	油漆涂料
动力类型	电动	布局形式	立式
品牌	GASTON 加斯顿	型号	ST-1.2
搅拌方式	自落式搅拌	每次处理量范围	10～30（L）

图 4-9　气动搅拌机

（四）电动砂皮机

　　电动砂皮机包括吸尘式墙面打磨机，墙面砂光机，墙面磨光机，腻子打磨机，砂墙工具，磨墙工具，无尘砂墙机等。现在很多油漆工对使用耐水腻子和成品腻子比较排斥，因为在施工后表面硬度比较大，且施工工艺繁琐。采用在滑石粉和老粉添加胶水的施工工艺，工人打磨方便，打磨速度也很快，但由于在添加胶水的时候大多数师傅都是凭借个人的施工经验来操作，加多加少没有统一的标准，造成有多少个施工工地，就有多少种施工质量的产品，给公司及项目经理的管理增加难度，也很难在管辖范围内推广统一质量标准。油漆工对打磨方便、打磨速度快的偏好，促使其在材料中少加胶水，从而使基层材料变得不符合质量要求，使因墙面漆或基层方面发生质量问题的事件时有发生，责任不好界定。

电动砂皮机尘式墙面打磨机可以解决以上难题，选择使用吸尘式墙面打磨机的理由：能提高装饰工程质量，为建筑装饰公司争取更多的客源和树立良好的口碑，能使自己公司的工艺水平迅速提高，客源日益增多；能节约打磨时间，缩短工程周期，节约成本；施工现场粉尘少，对工人的身体健康更有利。

如由某机电有限公司专业研发、生产吸尘式墙面打磨机，其功能：

1. 打磨的墙面平整度和光洁度比人工打磨大为提高，提高装修工程质量；打磨平整度好，砂痕少。

2. 打磨速度是手工打磨的 4～6 倍。

3. 吸尘率高，墙面 98％，墙顶 95％；作业现场灰尘很少，工人无需戴口罩作业，减少职业病的发生概率。

4. 本产品能轻松打磨各种材质的墙面（包括滑石粉、老粉、各类腻子）。

型号：SHD-5220；用途：打磨；主要用于狭小，复杂，难进入研磨的部位研磨，在自行车、铝合金、锌合金压铸品研磨方面应用比较广泛。

打磨抛光机型号：SHD-1330 砂带打磨机环带尺寸：10mm × 330mm 净重：0.8kg 耗气量：0.4m³/min 空转转速：16000rpm 空气压力：6.3kg/cm² （90psi）；打磨机具有重量轻，使用安全，效率高，低维护的特性。产品在设计时参照人体工程学，最大限度的减少了对人体手腕的伤害。独特的手腕支撑，可以使在工作时更加的舒适。外部的轴承加装了防尘护垫，延长了轴承的使用寿命。转子，叶片等易磨损的零件采用含有特种的材料制成。在金属加工及铸造行业用途广泛的砂带打磨机可以清除金属焊缝，毛刺及焊渣。市场许多机电公司都有售，如沈阳金大有机电公司买的型号齐全，可以更换多种接触臂，打磨不同长度及宽度。适用内外墙砂平和打磨，木工件软、硬磨砂磨平滑，胶合板打磨，金属件修复划痕除锈点、旧油漆，及其他材质打磨、砂光本机适用内外墙砂平和打磨，木工件软、硬磨砂磨平滑，胶合板打磨。

研磨速度快，有效缩短作业时间；轻巧平衡性高，使用长时间不产生疲劳；吸尘形式能有效率的达到吸尘效果不致粉尘飞散；高性能马达，在较低压的情况下仍能顺利进行作业；特殊的防尘机构能够增加轴承的寿命。如图 4-10 打磨抛光机。

图 4-10　打磨抛光机

（五）空气喷涂设备及其使用

空气喷涂是利用空气压缩机压缩空气，将涂料从喷枪中喷出并雾化，在气流的带动下涂到被涂件表面上形成涂膜的一种涂装方法。此法是涂装施工中应用最普遍的方法。其优点主要有：设备简单，容易操作，能够获得均匀的涂膜，对于有缝隙、小孔的工件表面以及倾斜、曲面、凹凸不平的工件表面，涂料都能分布均匀，工作效率比刷涂高 5～10 倍。目前，虽然各种自动化涂装方法不断发展，但空气喷涂法对各种涂料、各种被涂件几乎都能适用，仍然不失为一种广泛应用的涂装方法。其缺点是有相当一部分涂料随压缩空气飞散，涂料利用率只有 30％～50％，污染环境，作业场所需要良好的通风和防火措施，喷涂涂膜薄。在空气喷涂施工中，要获得平整、光滑、均匀高质量的涂膜，除了涂料因素外，与操作者技术熟练程度、操作技法以及操作规范的适用等有直接的关系。

喷涂设备有：喷枪、压缩空气供给和净化系统、输漆装置、喷漆室等。

1. 空气压缩机

旋转式空压机与往复式空压机性能比较见表 4-4。

旋转式空压机与往复式空压机性能比较 表 4-4

项　目	旋转式空压机	往复式空压机
驱动方式	电动机	电动机、发动机
排出压力	低压	高压
功率范围	无小功率的（大于 2.2kW）	有小功率的
噪声	小（59～75dB）	大（70～90dB）
防止脉冲性能	不需要防止脉冲缓冲罐	需要防止脉冲缓冲罐
基础	不需要特殊基础	11kW 以上时需特殊基础

2. 压缩空气的脱脂、除湿

压缩空气中的油分呈细微的雾状存在，必须逐级除去空气中油分，使油分降低到 0.1×10^{-6} 以下。一般可采用 $5\mu m$、$0.3\mu m$、$0.03\mu m$ 的过滤器。

空气中都含有不同程度的水分，大气中的饱和水蒸气随着温度的变化而变化，温度越高，水蒸气越大，反之越小。因此，为除去空气中的水蒸气，需将空气进行冷却，使水蒸气冷凝，达到从空气中分离的目的。首先，用空气冷却器将压缩空气冷却到室温，然后通过过滤器将水分除去。在要求无水分的场合，还需要用冷冻式干燥器，将压缩空气再次冷却到大气露点（-17℃）以下。

3. 空气贮罐

压缩空气贮罐的容积取决于用途和用量。根据作业是连续还是间歇来选定。在连续作业场合，能达到防止空气脉动的小容量即可；间歇作业时，选用大容量的为好。

空气贮罐应具有如下功能：

（1）能临时贮存由空压机输出的空气，使脉冲缓和。

（2）使用压力不随空气量的变动而波动。

（3）冷却压缩空气，分离压缩空气中所含的水分和油分。

4. 油漆增压箱

油漆增压箱是一种带盖密封的圆柱形容器，盖一般是用铸铁材料制造，容器是用不锈钢焊接而成的，靠增压和调节容器内的气压将涂料压送到喷枪。在盖上安装有减压器、压力表、安全阀、搅拌器、加漆孔等。一般油漆增压箱容量有 10L、20L、30L、50L、60L。可根据每班的涂料的使用量来选用油漆增压箱内，压力为 0.08～0.15MPa，将涂料压到喷枪。油漆增压箱的容量，原则上每班加 1～2 次漆。

油漆增压箱适在使用时，从空气过滤器或空压机送来的压缩空气分成两路，一路直接连到喷枪，另一路经减压阀进入漆增压箱内，压力为 0.08～0.15MPa，将涂料压到喷枪。油漆增压箱适用于小批量、间歇生产。

油漆增压箱在补充涂料时要停喷。另外，在现场补加涂料时易混入异物和弄脏现场，不利于卫生和安全。油漆增压箱结构示意图见图 4-11。

5. 集中输漆系统

集中输漆系统，是从调漆间向工作场地的多个作业点集中循环输送涂料的装置。它能保证涂料供给的连续性，又能防止沉淀、控制流量大小和压力，保证涂料的黏度和色调的均匀一致，同时对改善现场环境、安全生产、减少运输等都有益处。

集中输漆系统一般由调漆罐、搅拌器、循环压送泵、加漆泵和输漆管道等组成，见图 4-12。

（1）涂料罐涂料罐通常为带盖子的圆柱形罐。为保持罐内涂料黏度、色调、温度一致，应安装有搅拌器。同时，涂料罐应制成带夹层的，以便通入热水，使罐内涂料的温度保持恒定。盖上还应设有温度计，以便随时观测涂料的温度。

（2）搅拌器安装在罐盖上，可选用气动搅拌器，也可选用装有防爆电机的搅拌器。搅拌器的叶轮要保证将罐内的四周、底

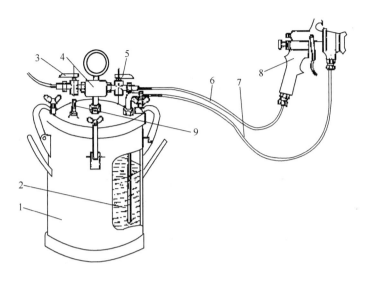

图 4-11　油漆增压箱结构示意图

1—增压罐；2—进漆管；3—进气阀；4—减压阀；5—出气阀；

6—供气软管；7—供漆软管；8—喷枪；9—搅拌器

部、边角处的涂料均能被搅拌到。

（3）循环输送泵用于涂料循环，可使用柱塞泵、油压泵和（防爆）电动泵。

（4）输漆管路集中输漆系统的主循环管路要采用不锈钢管路，支管可采用胶管。为使涂料不在管路内沉淀，输漆管应畅通，不应有袋状结构，连接处应光滑、密封，管子自身的弯曲半径的 5 倍以上。

（5）过滤器过滤器循环系统过滤器，可分为可调式过滤器、金属网过滤器、袋式过滤器。过滤网采用 200～300 目。

6. 喷枪

（1）喷枪种类

按涂料的供给方式，可分为吸上式喷枪、重力式喷枪和压送式喷枪 3 种。

1）吸上式喷枪涂料罐安装在喷枪的下方，喷嘴一般比空气

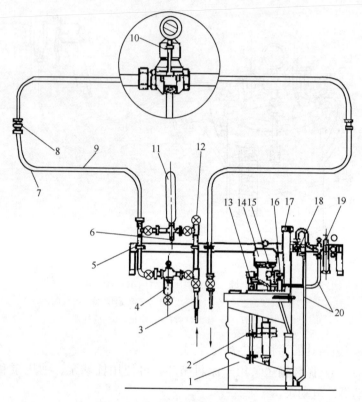

图 4-12　集中输漆系统结构示意图

1—涂料罐；2—搅拌涂料的叶片；3—输漆胶管；4—过滤器；5—固定支架；6—手动阀；7、9—循环管路（冷拔钢管）；8—管接头；10—压力调节器；11—稳压器；12—压力表；13—搅拌器；14—压送泵；15—压缩空气减压阀；16—管压保持阀；17—泵的气动升降器；18—手动开关；19—压缩空气的除尘除湿器；20—压缩空气胶管

帽稍向前凸出，靠喷嘴四周的空气流，在喷嘴部位产生低压从而吸引涂料并同时雾化，吸上式喷枪的涂料喷出量受涂料的黏度和密度的影响较大，而且与喷嘴口径大小有关。吸上式喷枪结构示意图见图 4-13。

喷涂时，空气可以从两路喷出：一路在喷嘴的四周喷出，吸出涂料并使涂料雾化；另一路从喷嘴调整旋钮喷出，以调整漆雾

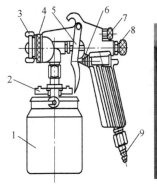

图 4-13　吸上式喷枪结构示意图

1—涂料罐；2—螺钉；3—喷嘴调整旋钮；4—螺母；

5—扳机；6—空气阀杆；7—控制阀；8—空气帽；

9—压缩空气接头

流形状。调整时，顺时针方向旋紧控制阀，关闭喷嘴调整旋钮，漆雾成圆锥形状，喷迹呈圆形。逆时针方向旋松控制阀，打开喷嘴调整旋钮，从出气孔喷出的气流就会使漆雾流呈扇形漆雾流，喷迹呈条形。调节出气孔的开启程度，就可得到不同扁平程度的漆雾流。当控制阀完全打开时，漆雾流最扁，喷迹最长。扁平漆雾流的扁平方向可以通过喷嘴调整旋钮来改变，如图 4-14 所示，调整到要求的位置后，将螺母锁紧，喷枪的出漆量可以通过调整空气帽来实现。如普尔特所有无气喷涂机配有最高压力 5000Pa 的喷嘴，根据人体工程学原理设计的喷嘴手柄保证你的喷涂过程或者清洁过程都非常舒适。独有的箭头指示设计可以显示出喷嘴的喷涂、清洁状态。

高强度的碳化钨保障了喷嘴经久耐用，具有较长的使用寿命。

2）重力式喷枪　涂料罐安装在喷枪的上部，涂料靠其自身的重力流到喷嘴与空气流混合而喷出。其优点是涂料从涂料罐内能完全流出，涂料喷出量要比吸上式喷枪大。其缺点是加满涂料后喷枪的重心在上，故手感较重，喷枪有翻转趋势。这种喷枪所

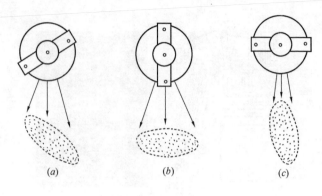

图 4-14　喷迹性状

（*a*）倾斜扁平形；（*b*）水平扁平形；（*c*）垂直扁平形

需的压缩空气的压力较低，适用于小面积被涂件喷涂。重力式喷枪结构示意图见图 4-15。

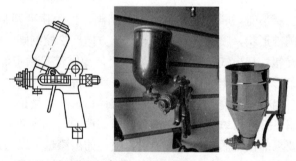

图 4-15　重力式喷枪结构示意图

涂料的弹涂施工是借助于专用的电动（或手动）弹涂器，将各种颜色的涂料弹到饰面基层上，形成直径 2～3mm 的大小相似、颜色不同、互相交错或深浅色点相互衬托的彩色装饰面层的一种施工方法。弹涂一般适用于建筑物内外墙面和顶棚涂饰。弹涂施工机具蠕动泵，重型空气喷涂触发枪 1 把，喷嘴（3、4、6、8、10、12mm）6 个，25 英尺（25.4mm×7.5m）空气软管/材料软管 1 条可加长。

3）压送式喷枪　这种喷枪是从另外设置的增压箱供给涂料，

提高增压箱内的空气压力，可同时供几支喷枪使用。这种喷枪的喷嘴和空气帽位于同一平面或喷嘴较空气帽稍凹。也可将吸上式喷枪的涂料罐卸下连接到供漆软管上使用。压送式喷枪结构示意图见图4-16。

适合喷射墙面　　适合喷射屋顶并可以连接长管

图4-16　压送式喷枪结构示意图

常用喷枪的类型和工艺参数见表4-5

常用喷枪类型和工艺参数表　　　　表4-5

喷枪类型	工艺参数			
	喷嘴口径 （mm）	空气用量 （L/min）	涂料喷出量 （mL/min）	喷幅 （mm）
重力式	0.8	60	30	25
	1.0	70	50	30
	1.5	300	140	160
	1.8	320	180	180
	2.0	330	200	200
吸上式	0.8	160	45	60
	1.0	170	50	80
	1.2	175	80	100
	1.5	190	100	130
	1.6	200	120	140
压送式	0.8	200	150	150
	1.0	190	200	170
	1.2	450	350	240
	1.5	500	520	300
	1.6	520	600	320

7. 喷枪操作要点

在喷枪操作中,喷涂操作距离、喷枪运行方式和喷雾图样搭接宽度是喷涂的三个原则,也是喷涂技术的基础。

(1)喷涂操作距离系指喷枪头到被涂件的距离,涂着效率与喷涂距离关系成反比。标准的喷涂距离,采用大型喷枪时为200~300mm,采用小型喷枪为时为150~250mm,采用手提静电喷枪时为250~300mm。喷涂距离越近,形成的涂膜越厚,越容易产生流挂;喷涂距离越远,形成的涂膜越薄,涂料损失越大,严重时涂膜无光。

(2)喷枪运行方式喷枪与被涂件表面的角度和喷枪运行速度,应保持喷枪与被涂件表面呈直角且平行运行,喷枪的运行速度应保持在10~20m/min并恒定。如果喷枪倾斜并呈圆弧状运行或运行速度多变,都得不到厚度均匀的涂膜,而且容易产生条纹和斑痕。喷枪运行速度慢,容易产生流挂;喷枪运行速度过快和喷雾图样搭接不多时,就不容易得到平滑的涂膜。喷枪运行速度(cm/s)与涂膜厚度的关系成反比。

(3)喷雾图样搭接宽度喷雾图样搭接宽度应保持一致,一般都采用重叠法,即每一喷涂幅面的边缘在前一喷涂幅面上重叠1/3~1/2。如果搭接宽度多变,涂膜厚度就不均匀,而且会产生条纹和斑痕。

喷枪的操作右手持枪时,食指、中指勾在扳机上,其余三指握住枪柄,两肩自然放松,左手拿着喷枪附近的一段输气管(如果是压送式喷枪,将输气管和输漆管每隔300~400mm用胶布缠上),以减轻右手拉胶管的力量。喷涂操作中,讲究手、眼、身、脚并用,喷涂时要枪走眼随,注意漆雾的落点和涂膜的形成状况,以身体的移动减轻膀臂的摆动,以身体和胳膊的移动保证喷枪与工件的距离相等并垂直于工件表面。横向运枪时,两腿叉开,随着喷枪的移动,身体的重心也要相应移动在左右脚上.活动范围最多一臂加半步。喷涂起枪应从工件的左上角开始,路线可横喷、纵喷,起枪的雾面中心应对准需喷表面的边线,喷涂时应移动手臂而不是甩动手腕；但手腕要灵活调节，如手腕僵硬不灵活，喷枪倾斜，就会出现涂膜薄厚不均的弊病。正式喷涂前，应首先检查喷涂室内由风压、供料系统阀门是否打开，压缩空气压力、涂料黏度等是否合适。扣动喷枪扳机，观察喷出的涂料的雾化效果、涂料喷出量、涂料的连续状态、喷涂距离、工作压力、喷涂幅面宽度等。喷涂操作要掌握好喷枪的移动速度和搭接宽度。在喷涂操作中，严禁将喷枪对准人扣动扳机，以免伤人，喷枪的运行方法如图 4-17 所示。

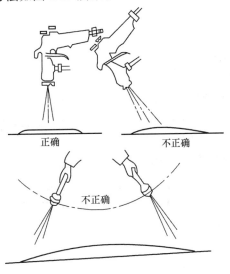

图 4-17　喷枪的运行方法

（4）喷枪的维护、保养。

1）喷枪使用后，应及时用配套的溶剂清洗干净，不能用碱性清洗剂清洗。吸上式喷枪和重力式喷枪的清洗方法是先在涂料罐或杯中加入适量溶剂，喷吹一下，再用手指压住喷嘴，使溶剂回流数次即可。压送式喷枪的清洗方法是先将油漆增压罐中的空气排出，用手指压住喷嘴，靠压缩空气将胶管中的涂料压回增压罐中，随后通人溶剂洗净喷枪相胶管并吹干。喷枪清洗也可以用洗枪机来清洗。

2）用蘸溶剂的毛刷仔细洗净空气帽、喷嘴及枪体。当空气孔被堵塞时，可用软木针疏通，绝对不能使用钉子或钢针等硬的金属东西去捅。应特别注意不要碰伤喷嘴。枪针污染得很脏时，可拔出清洗。

3）在暂停工作时，应将喷枪头浸入溶剂中，以防涂料干固堵住喷嘴。但不应将喷枪全部浸泡在溶剂中，这样会损坏各部位的密封垫圈，从而造成漏气、漏漆现象。

4）检查针阀垫圈、空气阀垫圈密封部位是否泄漏，如有泄漏应及时更换。

5）操作时，需注意不要使喷枪碰撞被涂物或掉落地上，否则会造成永久性损伤，甚至损坏。

6）不要随意拆卸喷枪。

7）卸装喷枪时，应注意各锥形部位不应粘有垃圾和涂料，空气帽和喷嘴绝对不应有任何损伤。重新组装后，应调节到最初轻开枪机时仅喷出空气，再扣枪机才喷出涂料。

（5）喷枪故障、产生原因及防治方法见表4-6。

喷枪故障、产生原因及防治方法 表4-6

序号	故障现象	产生原因	防治方法
1	喷射过剧烈，产生强烈漆雾	空气压力过大，供漆量不足	降低空气压力，增加供漆量
2	喷射不足，喷枪工作中断	空气压力越低，漏气	提高空气压力，修理换气处
3	喷漆时断时续	涂料不足，出漆孔堵塞，喷嘴损坏或紧固不好，涂料黏度过高	补加涂料，疏通堵塞物，更换。紧固喷嘴。降低涂料黏度
4	雾化不良	涂料黏度过高，喷出量过大	降低涂料黏度，调整涂料出量
5	一侧过浓	空气帽松，空气帽或喷嘴变形	紧固空气帽，更换空气帽

序号	故障现象	产生原因	防治方法
6	涂膜中间厚、两侧薄	空气调整螺栓拧得太紧，喷涂气压过低，涂料粘度过高，涂料喷嘴过大	放松调整螺栓，提高喷涂气压，降低涂料粘度，更换喷嘴
7	涂膜中间薄、两侧厚	喷涂气压过高，涂料粘度低，涂料喷出量小，空气帽和喷嘴间有污物或涂料固着	降低喷涂气压，提高涂料黏度，提高涂料喷出量，除去空气帽和喷嘴间的污物或干固涂料
8	开始喷涂时出现飞沫	顶针未经调整，没有越过开放的空气道	调整顶针末端螺母，使扣扳机时先打开气路
9	喷头漏漆	喷头没旋紧，喷嘴端部磨损或有裂纹，喷嘴与针阀之间有污物，针阀弹簧损坏	调整顶针上的螺母，更换有裂纹的喷嘴，清洗喷嘴内部及针阀，更换针阀弹簧
10	未扣扳机，前端漏气	空气阀垫圈太紧，空气阀弹簧损坏	放松空气阀垫圈，更换损坏的空气阀弹簧

（六）无气喷涂机具及其使用

高压无气喷涂，就是涂料经加压泵加压，通过喷枪的喷嘴将涂料喷出去，高压漆流在大气中剧烈膨胀、溶剂急剧挥发分散雾化而高速地喷到被涂件表面上。因涂料雾化不借助压缩空气，所以称为高压无气喷涂。

高压无气喷涂，广泛应用于建筑、桥梁、船舶、机车、机械、汽车、航空等领域。高压无气喷涂设备主要有：高压泵、高压喷枪、过滤器、蓄压器、高压软管等，见图4-18。

高压无气喷涂，适用于喷涂下列高固体分涂料：环氧树脂类、硝基类、醇酸树脂类、过氯乙烯树脂类、氨基醇酸树脂类、环氧沥青类涂料、乳胶涂料以及合成树脂漆、热塑型和热固型丙烯酸树脂类涂料等。

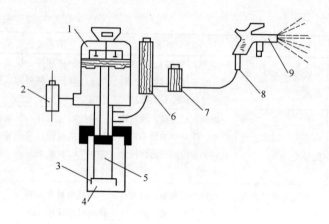

图 4-18　高压无气喷涂原理

1—空压机汽缸；2—气水分离器；3—盛漆桶；4、7、8—过滤器；

5—柱塞泵；6—蓄压器；9—喷枪

高压无气喷涂的优点：

涂装效率高达 70%，为普通空气喷涂的 3 倍以上。可节省涂料和溶剂 5%～25%。

适用于黏度大、固体分高的涂料。由于压力高，高黏度、高固体分涂料也容易雾化，一次喷涂涂膜较厚，可以节省时间，减少施工次数，一次喷涂膜厚可达 40～100μm。

因涂料内不混有压缩空气，同时涂料的附着力好，即在工件的边角、间隙等处也能涂上漆，形成良好的涂膜。

喷涂时，漆雾少，涂料中溶剂含量也少，涂料利用率高，减少了涂装环境污染，改善了涂装施工条件。

高压无气喷涂的缺点：

操作时，喷雾幅度和喷出量不能随意调节，必须更换喷嘴或调节压力。

与空气喷涂相比，漆膜质量差，不适用于薄膜及高装性涂膜的要求。

1. 高压无气喷枪

高压无气喷枪由枪身、喷嘴、连接部件所组成。要求高压无气喷枪密封性好，不泄漏涂料，要耐一定的压力。喷枪一般是用钢或铝合金制成。对喷枪的要求是轻巧，灵活，操作方便。

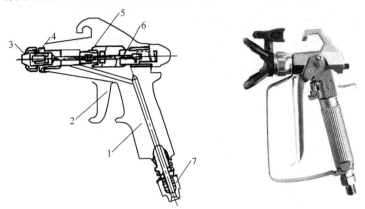

图 4-19　高压无气喷枪结构示意图

1—枪身；2—扳机；3—喷嘴；4—过滤网；5—衬垫；6—顶针；7—自由接头

　　高压无气喷枪品种多样，选择高压无气喷枪要以喷涂工作压力为依据，一般高压无气喷枪是随购买的设备而配的，见图 4-19。喷嘴是高压无气喷的重要部件，涂料雾化的优劣、喷涂幅面和喷出量都取决于喷嘴。喷嘴分为圆形和橄榄形两种。由于高压漆流通过喷嘴，所以对喷嘴材质要求耐磨损、硬度高、不易变形等。一般喷嘴材质选用耐磨性能好的硬质合金（碳化钨）制造，其硬度可达 88～92 HRA，洛氏硬度 HRA 是采用 60kg 载荷和钻石锥压入器求的硬度，用于硬度较高的材料。喷嘴的粗糙度、几何形状，直接影响涂料的雾化喷流图样和喷涂质量，喷嘴的喷射角度一般为 30°～80°，喷射幅面宽度为 8～75cm。喷涂大平面时，宜选用 30～40cm 宽的喷幅；喷涂小平面时，宜选用 15～25cm 宽的喷幅。选择喷嘴时，要根据被涂件的大小、形状、涂料类型和品种、喷出量、喷涂操作压力、涂膜厚度和涂装质量等工艺要求来确定。喷嘴口径、涂料流动特性和应用实例见表 4-7。

喷嘴口径、涂料流动特性和应用实例 表 4-7

喷嘴口径（mm）	涂料流动特性	应用实例
0.17～0.25	非常稀	溶剂、水
0.27～0.33	较稀	硝基漆、密封胶
0.33～0.45	中等稠度	底漆、油性清漆
0.37～0.77	黏稠	油性色漆、水乳胶漆
0.65～1.8	非常稠	溶胶漆、环氧沥青涂料、浆状涂料

高压无气喷枪的喷嘴有标准型喷嘴、回旋喷嘴、90°复式喷嘴和可调幅喷嘴。回旋喷嘴能回旋，当喷嘴堵塞时，可旋转手柄180°，再开启喷枪即可清除杂物，不需要拆卸喷嘴。90°复式喷嘴在喷嘴球体上镶有两个不同孔径的喷嘴，只要转动90°，就可以选择不同的喷幅宽度。可调幅喷嘴的孔径可以调节，因而喷幅宽度可以改变，遇到喷嘴堵塞，只要调大孔径即可清除堵塞物。高压喷枪通过尼龙或聚四氟乙烯高压软管连接到高压无气喷涂设备的涂料出料口上。操作前，先将高压管与喷枪的接头螺栓旋紧，以避免高压涂料泄漏。选好喷嘴，先试喷几下，调节好压力，确定喷涂效果。高压喷枪投入常操作时，喷枪不准对准人，以免伤人。

2. 高压软管

高压软管是输送涂料用的，应能耐 25MPa 高压、耐溶剂、耐涂料，并且轻便、柔软。目前，广泛采用的是尼龙、聚四氟乙烯和橡胶等制作，其内外层用尼龙管或橡胶管，中间层用钢丝、化学纤维或不锈钢丝编织物，以提高其耐压能力。高压软管内径有 5mm、6mm、9mm、12mm，长度为 5～30m，一般选用的为 6～9m。

3. 蓄压过滤器

蓄压器使涂料液压保持稳定，减少喷涂时压力波动，以提高喷涂质量。过滤器是过滤漆液的，可使涂料中的颗粒、杂质经过滤后去掉，以免堵塞喷嘴。高压无气喷涂系统的过滤网是不锈钢丝网。一般是将蓄压器和过滤器合在一起,这样结可紧凑些。

4. 气动式高压无气喷涂机

气动式高压无气喷涂机的动力源泵,是目前使用较普遍的。一般是使用压缩空气为动力源,压力不超过 0.7 MPa,涂料压力可达到输入气压的几倍到几十倍。其适用喷涂外墙等大面积工程。涂料的压力与气压比叫做压力比。一般涂料黏度低时,选用压力比较小的泵;涂料黏度高时,选用压力比较大的泵。高压无气喷涂机技术参数依据型号确定压力比、最大流量(L/min)、最大进气压力(MPa)。

气动式高压无气喷涂机的操作要点:

(1) 工作前,应认真检查汽缸、高压泵、蓄压过滤器、涂料罐等部位是否正常,然后接通压缩空气,打开调节阀。如高压泵空载运转正常,将高压软管、喷枪、吸料软管、放泄软管等管路接通,检查气路的接头是否松动漏气。

(2) 调整喷涂压力,根据被涂件的大小、形状、涂料类型和品种、涂膜厚度和涂膜质量要求,选择喷枪和喷嘴,一般进气压力不超过 0.7 MPa。同时,高压泵和喷枪要良好接地,防止产生静电发生事故。

(3) 将吸料软管插入涂料桶中,接通气源,高压泵即开始工作。运转 2min 后,旋紧放泄阀,负载压力平衡后,高压泵自行停止。如果高压泵还在继续工作,应检查各高压阀是否磨损或"气蚀"、高压密封圈是否松动、高压管路是否松动、涂料吸入系统是否堵塞等,排除故障后方可继续进行喷涂。

(4) 喷涂过程中,绝对不允许对着人喷,同时暂时停止工作时,要将自锁机构的挡片锁住,以免误操作伤人。

(5) 喷涂结束后,将吸料软管从涂料桶中取出,打开放泄阀,使喷涂机在空载情况下运行,将喷涂机和涂料管内的剩余涂料排净,再将吸料软管插到与喷涂涂料配套的溶剂中,开启泵,用溶剂进行循环清洗。然后卸下高压滤芯,单独用溶剂清洗,洗净后,重新装入过滤器内。卸下高压软管,用压缩空气吹净管内残留的溶剂及杂物等。

（6）高压无气喷涂机要定期保养，及时检查排除故障。设备不使用时，应采用塑料布盖住，防止灰尘杂质附着和落入设备内部，影响喷涂机正常使用。

5. 电动式高压无气喷涂机

电动式高压无气喷涂机，便于携带，但喷涂面积小于气动喷涂机，适用于家装等小面积，使用的是 380V、50Hz 的电源动力，适用于没有压缩空气但有 380V 电源的场合，其技术参数和外形根据电动式高压-喷涂机依据喷涂机型号确定技术参数功率（kW）、工作压力（MPa）、流量（L/ min）重量 kg 来定其外形如图 4-20 所示。

电动式高压无气喷涂机的操作要点：

操作前，应检查各组件是否正常，尤其是柱塞泵及加入的油量、高压过滤器、各管接头连接是否牢固。喷涂时，可先试喷少量工件，检查是否达到喷涂要求，同时验证电源电压、电动机功率、转速、喷涂机是否正常工作。调试正常后，将涂料吸料软管插入涂料罐中，启动电动机，通过传动机构，直接驱动隔膜柱塞泵，将涂料连续吸入并排出，通过隔膜加压达到要求的喷涂压力，经加压过滤后由高压输料软管送到喷枪喷出。

电动式高压无气泵要定期加油，保证喷涂泵的工作压力。每次使用后，应及时用与涂料配套的溶剂将吸料软管过滤网、蓄压器过滤网、管路、枪体等清理干净，以防堵塞。

6. 高压无气喷涂机的使用安全措施

（1）设备在使用前，应仔细检查高压无气喷涂机的接地否良好，涂料管是否接地，涂料管是否有裂口、损坏、老化，管路的各接头是否牢固，有无松动处。

（2）操作者应穿戴好劳保用品，工作服应为防静电服装，作业鞋应无铁钉。

（3）操作时应从低压启动，逐渐加压，观察管路各部位及设备是否正常。

图 4-20　电动式高压无气喷涂机外形

（4）不得将喷枪对准自己或他人，以免误伤人。不要将手伸向喷枪的喷嘴前，作业中断时，要上好喷枪的安全锁。

（5）不能用硬的铁钉或针疏通喷嘴。喷嘴堵塞时，可用木针疏通。

（6）工作结束后，应及时清理涂料系统，所用设备必须彻底清洗干净，以防涂料固化堵塞设备。

五、腻子、大白浆、石灰浆、
虫胶漆调配

（一）常用腻子调配

市场上与涂料配套出售的腻子，一般质量比较好，性能也比较稳定。但因涂料的品种繁多，装饰要求的各异，施涂基层、施工条件的不同，有时也需要自行配制一些腻子，作为涂饰施工的辅助性材料。

1. 材料的选用

（1）填料能使腻子具有稠度和填平性。一般化学性稳定的粉质材料都可选用填料。如大白粉、滑石粉、石膏粉等。

（2）能把粉质材料结合在一起，并能干燥固结成有一定硬度的材料都可选用固结料。如蛋清、动植物胶、油漆或油基涂料。

（3）凡能增加腻子附着力和韧性的材料，都可作粘结料，如桐油（光油）、油漆、干性油等。

调配腻子所选用的各类材料，各具特性，调配的关键是要使它们相容。如油与水混合，要处理好。否则，就会产生起孔、起泡、难刮、难磨等缺陷。

2. 调配的方法

调配腻子时，要注意体积比。为利于打磨一般要先用水浸透填料，减少填料的吸油量。配石膏腻子时，宜油、水交替加入。否则，干后不易打磨。

调配好的腻子要保管好，避免干结。

调配常用腻子的组成、性能及用途见表5-1。

腻子种类	配比（体积比）及调制	性能及用途
石膏腻子	石膏粉∶熟桐油∶松香水∶水＝10∶7∶1∶6 先把熟桐油与松香水进行充分搅拌，加入石膏粉，并加水调和	质地坚韧，嵌批方便，易于打磨。适用于室内抹灰面、木门窗、木家具、钢门窗等
胶油腻子	石膏粉∶老粉∶熟桐油∶纤维胶＝0.4∶10∶1∶8	润滑性好，干燥后质地坚韧牢固，与抹灰面附着力好，易于打磨。适用于抹灰面上的水性和溶剂型涂料的涂层
水粉腻子	老粉∶水∶颜料＝1∶1∶适量	着色均匀，干燥快，操作简易。适用于木材面刷清漆
油粉腻子	老粉∶熟桐油∶松香水（或油漆）∶颜料＝14.2∶1∶4.8∶适量	质地牢，能显露木材纹理，干燥慢，木材面的棕眼需填孔着色
虫胶腻子	稀虫胶漆∶老粉∶颜料＝1∶2∶适量（根据木材颜色配定）	干燥快，质地坚硬，附着力好，易于着色。适用于木器油漆
内墙涂料腻子	石膏粉∶滑石粉∶内墙涂料＝2∶2∶10（体积比）	干燥快，易打磨。适用于内墙涂料面层

（二）大白浆、石灰浆、虫胶漆调配

1. 大白浆的调配

调配大白浆的胶粘剂一般采用聚醋酸乙烯乳液，羧甲基纤维素胶。

大白浆调配的重量配合比为：老粉∶聚醋酸乙烯乳液∶纤维素胶∶水＝100∶8∶35∶140。其中，纤维素胶需先进行配制，它的配制重量比约为：羧甲基纤维素∶聚乙烯醇缩甲醛∶水＝1∶5∶10～15。根据以上配比配制的大白浆质量较好。

调配时，先将大白粉加水拌成糊状，再加入纤维素胶，边加入边搅拌。经充分拌和，成为较稠的糊状，再加入聚醋酸乙烯乳液。搅拌后用 80 目铜丝笕过滤即成。如需加色，可事先将颜料用水浸泡，在过滤前加入大白浆内。选用的颜料必须要有良好的耐碱性，如氧化铁黄、氧化铁红等。如耐碱性较差，容易产生咬色、变色。当有色大白浆出现颜色不匀和胶花时，可加入少量的六偏磷酸钠分散剂搅拌均匀。

2. 石灰浆的调配

调配时，先将 70% 的清水放入容器中，再将生石灰块放入，使其在水中消解。其重量配合比为：生石灰块：水＝1：6，待 24h 生石灰块经充分吸水后才能搅拌，为了涂刷均匀，防止刷花，可往浆内加入微量墨汁；为了提高其粘度，可加 5% 的 108 胶或约 2% 的聚醋酸乙烯乳液；在较潮湿的环境条件下，在生石灰块消解时加入 2% 的熟桐油。如抹灰面太干燥，刷后附着力差，或冬天低温刷后易结冰，可在浆内加入 0.3%～0.5% 的食盐（按石灰浆重量）。如需加色则与有色大白浆的配制方法相同。

为了便于过滤，在配制石灰浆时，可多加些水，使石灰浆沉淀，使用时倒去上面部分清水，如太稠，还可加入适量的水稀释搅匀。

3. 虫胶漆的调配

虫胶漆是用虫胶片加酒精调配而成的。

一般虫胶漆的重量配合比为：虫胶片：酒精＝1：4

也可根据施工工艺的不同确定需要的配合比为：虫胶片：酒精＝1：3～10

用于揩涂的可配成：虫胶片：酒精＝1：5

用于理平见光的可配成：虫胶片：酒精＝1：7～8

当气温高、干燥时，酒精应适当多加些；当气温低湿度大时，酒精应少加些，否则，涂层会出现返白。

调配时，先将酒精放入容器（不能用金属容器，一般用陶瓷、塑料等器具），再将虫胶片按比例倒入酒精内，过 24h 溶化后即成虫胶漆，也称虫胶清漆。

为保证质量，虫胶漆必须随配随用。

六、基层的处理

（一）常见基层性能特征

基层与涂料是皮与毛的关系。基层品质，首先要有良好的附着力和很好相容性。其次，各类基层都要达到"坚实、平整、清洁、干燥"这八个字的要求。因此，在施涂之前，要对基层进行加工处理，消除影响施涂质量的缺陷。这是在涂饰施工中非常重要的工序。在对基层处理前，为了熟悉掌握处理方法，了解常见基层的性能特征是很有必要的。常见基层性能特征见表6-1。

常见基层性能特征　　　　　表6-1

基层种类	有孔	无孔	易吸收	能吸收	难吸收	化学活动性	可侵蚀	表面特征
木板和胶合板	△		△			△		吸水、吸潮、稳定性差
水泥面	△			△		△		粗、吸水率大、碱性
混凝土	△			△		△		粗、吸水率大、碱性
石膏灰面	△			△		△		吸水率大、裂缝少、泛碱
石灰面	△			△		△		吸水率大
黑色金属		△			△		△	光滑、易锈蚀
有色金属		△			△		△	光滑
塑料		△			△			表面增塑剂迁移，硬度低，色调单一
泡沫聚氯乙烯板	△				△			吸潮

（二）基层处理的主要方法

基层处理的主要目的是为了提高涂层的附着力、装饰效果和延长使用寿命。

基层处理主要采取物理和化学的方法：

1. 用手工工具清除基层表面比较容易清除的杂物、灰尘、锈蚀、旧涂膜等。

2. 用动力设备或化学方法清除基层上不易清除的油脂、酸碱物等。

3. 用喷砂、化学侵蚀的方法对基层进行加工处理，使其表面粗糙，以提高涂膜的附着力。

4. 当基层的颜色或性能与涂料不相容时，用化学等方法改变其颜色和性能，达到相容。

（三）常见基层的处理

1. 木质面基层

木材除本身的材质纤维、木质素外，还含有油类、树脂、单宁、色素、水分等，这些物质会直接影响附着力和装饰效果，材质密度的大小也会影响涂料的渗透性。

处理的方法：

（1）一般处理。清涂表面的污物、灰尘，使其洁净。当油污、蜡质等物质渗透到管孔中，或渗出的树脂已被擦洗干净，要用虫胶漆进行封闭，对于管孔敞开型的木质基层，要做填平封闭处理。

（2）颜色处理。当基层颜色不均，深浅不一，存在色斑，如涂饰透明涂料，为保证木纹的清晰效果，可进行漂白处理。

漂白处理的方法：

用浓度30％的双氧水（过氧化氢）100g，掺入25％浓度的氨水 10～25g，水 100g 进行稀释，把混合液均匀地涂刷在木材表面，经 2～3d，木材表面就被均匀漂白。

配制 5％的碳酸钾（碳酸钠＝1：1 的水溶液 1L，加入 50 克漂白粉），涂刷木材板表面。待漂白后用肥皂水或稀盐酸溶液清洗干净。此法既能漂白又能去脂。

2. 水泥面基层

水泥基层的化学特征是强碱性的。必须待干燥并消除碱性后方可施涂涂料。

处理方法：

（1）清洁表面。清除表面杂物、灰尘、油污。对油性污物可用洗涤剂擦洗，或用 5％～10％浓度的碱水清洗后，用清水洗净。对泛碱、析盐的基层，要用 3％的草酸溶液擦洗，对泛碱严重或水泥浮浆多的部位可用 5％～10％的盐酸溶液刷洗。注意酸液在基层表面存留的时间不宜超过 5min。清洗后如又出现泛碱和析盐现象，应重复洗擦。

（2）消除表现缺陷。对基层出现的裂缝、气孔、空洞、小的蜂窝麻面，主要用腻子填平，修补平整。为减少收缩沉陷，可加大腻子中的体质颜料的用量。

（3）增强基层的附着力。在基层上涂喷胶液，或涂刷基层处理剂。基层的一般刷浆或施涂水性涂料，可采用 30％浓度的 108 胶水，也可采用 4％浓度的聚乙烯醇溶液或稀释至 15％～20％的聚醋酸乙烯乳液刷涂表面。如施涂溶剂型涂料，可用熟桐油加汽油配的清油涂刷基层面。

3. 石灰浆面基层

石灰浆面基层包括石膏抹灰基层，因掺和材料，带来可溶性碱类，对油基性涂料存在潜在的破坏性。一定要待基层干燥后再进行涂饰。新抹的石灰膏基层中的水分蒸发使石灰膏碳化变硬，如过早涂刷油基性涂料，会影响正常碳化，降低基层强度。

处理方法：

（1）清除表面缺陷。对细小裂缝可直接批刮腻子进行修补。

当裂缝宽度在 6mm 以上或孔洞直径在 25mm 以上时，要将裂缝修切成倒"V"字形，用水将裂缝润湿，用石灰砂浆嵌填，修补面低于表面 1mm，干后用半水石膏修补平整。

（2）对泛碱和油性物的处理。发现泛碱，用正磷酸溶液刷洗泛碱处，待 10min 后，用清水冲洗干净。玻璃纤维和加气石膏基层，存在油性物可用松香水擦涂。否则，有助于霉菌生长，引起涂膜脱落。

4. 金属面基层

金属面基层容易被氧化，产生氧化皮，遇强腐蚀性介质容易被腐蚀。为了增强金属面层的附着力，要对其基层表面进行处理。

处理方法：

（1）除锈。手工和机械除锈同时使用，一直到打磨光亮。也可以用酸洗，用化学除锈方法处理小构件。

酸洗的方法：用 15％～20％的工业硫酸和 80％～85％清水配制稀释的硫酸溶液浸泡小构件。待铁锈清除后，取出用清水冲洗干净并进行中和处理（再用 10％浓度的氨水或石灰水浸泡一次），最后用清水冲洗干净。

（2）除油。可选用碱液除油，也可以用有机溶剂除油。后者不损伤金属。缺点：易燃、成本高。

5. 旧涂膜基层

旧涂膜基层处理，实际上就是清除旧涂膜。对旧涂膜可根据其附着力的强弱和表面强度的大小，决定是否全部清除或局部清除。

对于涂层并没有老化，只是因为更新，需重新施涂的，要考虑其新旧涂膜的相容性。如相容性好，只要将旧涂膜表面清洗干净，就可以涂刷涂料。一般同品种高分子成膜物质都具有相容性。不相容的要进行全部清除。

处理方法：

（1）刷洗法。主要用于胶质涂料残存涂层。

（2）刀刮法。主要用于清除钢门窗涂层。

（3）火喷法。用喷灯火焰烧旧膜。边喷火焰边铲去烧焦涂膜，烧与铲要配合好。如已烧焦的涂膜不立即清除，冷却后就很难清除。

（4）加碱法。用少量火碱（氢氧化钠）溶解于清水中，加入少量石灰配成火碱水，刷涂旧膜层，待旧膜起翘后进行清除。

（5）脱漆剂。脱漆剂市场上有售。使用方法，可参照产品说明书。

七、施涂工艺技法

施涂工艺的技法，是在长期的施工实践中摸索并总结出来的经验，具有一定的规律性和普遍的指导意义。

针对施涂（清除→嵌批→打磨→调配→刷涂、擦涂、漆擦、喷涂、滚涂、弹涂）的工序和不同的施涂方法，我们一定要掌握带共性的基本的技术要点，由此及彼，真正做到举一反三。

（一）清　　除

清除是对基层面进行处理的第一道工序。

清除工具的选择及工具的使用方法，可以根据基层的对象，灵活变通、灵活掌握（见表 7-1～表 7-4）。

手　工　清　除　　　　表 7-1

工　具	操作要领	适用基层
铲刀	在木面上顺木纹铲除，铲除水浆涂料应先喷水湿润后，方可进行铲除	水泥、抹灰、木质、金属面
金属刷	有钢丝刷和铜丝刷两种。铜丝刷不易引起火花，具有防火、安全等性能。用拇指或食指压在刷背上向前下方用力推进，使刷毛倒向一边，回来时先将刷毛立起，然后向后下方拉回	金属面上的锈蚀、氧化皮、旧涂层

机　械　清　除　　　　表 7-2

工　具	操作要领	适用基层
动力钢丝刷	杯形钢丝刷适用于打磨平面，圆盘形适用于凹槽部位	金属、混凝面上的锈蚀、旧涂层等
除锈枪	尖针形清除厚铁锈、氧化皮，平头形清除薄金属面锈蚀	螺栓、螺帽、铁制装饰件等凹面处的铁锈、氧化皮等

化 学 清 除 表 7-3

种 类	操作要领	适用基层
溶剂	一般采用松香水（200 号溶剂汽油）。应先将基层用钢丝刷清除，再用浸满溶剂或去油剂的抹布或刷子擦洗表面，用清水洗净	各类基层表面的油污
碱溶液	先在表面涂一层碱液，当油渍软化后，先用清水冲洗，再用水砂纸或钢丝绒打磨。打磨后，立即用清水再次冲洗残留碱溶液	金属基层面油脂
酸洗	先刷洗、擦洗和喷洗，最后用清水洗净酸液	金属基层面上的轻微锈蚀和混凝土面上油渍污垢
脱漆剂	将脱漆剂涂刷在旧涂层上，待旧涂层起皮时即可将旧膜刮去，清洗掉残留蜡质	旧涂层

热 清 除 表 7-4

种 类	操作要领	适用基层
火焰	用火焰将金属表面烧至略变色时，用钢丝刷清除表面干燥的锈粉。趁金属表面微热时涂刷底漆	金属面上的锈蚀、氧化铁皮

（二）嵌 批

嵌批是两个不同的概念。"嵌"可以理解为对基层面局部较大的缺陷，如洞眼、裂缝、坑凹用腻子进行填平填实；"批"是对基层面全面刮满腻子，一处不漏。

批刮的顺序：从上至下，从左到右，先平面后阴阳角，用力要均匀，以高处为准，一次刮下。木基层按顺纹批刮。收刮腻子要轻巧，防止腻子卷起，操作要领如图 7-1 所示。

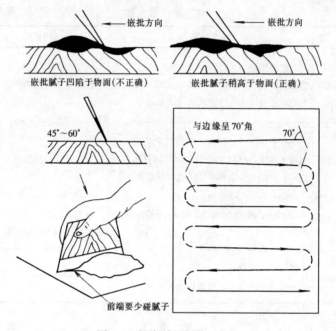

图 7-1　批嵌腻子操作要领

头批刮腻子要实，力求与基层结合紧密；二批刮腻子要平；三批要光，达到平平整整，利于打磨。

主要嵌批工具的使用方法及适用范围：

1. 铲刀：使用时食指紧压刀片，其余四指握住刀柄。用于基层缺陷的填补。

2. 橡胶刮板：使用时拇指放于板前，四指放于板后，批刮腻子时用力按住刮板，倾斜 60°～80°。多用于大面积或圆柱圆角处的批刮。

3. 钢皮刮板：使用方法与橡胶刮板相同。批刮密实性强于橡胶刮板，用于批刮精细的平面。嵌批在涂饰施工中，占用工时最多，要求工艺精湛。嵌批质量好，可以弥补基层的缺陷。

故除要熟悉嵌批技巧和工具的使用外，根据不同基层、不同的涂饰要求，掌握、选择不同的腻子也非常重要（见表 7-5～表 7-7）。

木质面基层腻子的选用及嵌批方法

表 7-5

涂层做法	腻子选用及嵌批方法
清油→铅油→色漆面涂层	选用石膏油腻子。在清油干后嵌批。对较平整的表面用钢皮刮板批刮，对不平整表面可用橡胶刮板批刮
清油→油色→清漆面涂层	选用与清油颜色相同的石膏油腻子。嵌批腻子应在清油干后进行。棕眼多的木材面满刮腻子。磨平嵌补部位腻子
润粉→漆片→硝基清漆面涂层	选用漆片大白粉腻子。润油粉后嵌补。表面平整时可在刷过 2～3 遍漆片后，用漆片大白粉腻子嵌补；表面坑凹时用加色石膏油腻子嵌补，颜色与油粉相同。室内木门可在润粉前用漆片大白粉腻子嵌补，嵌满填实，略高出表面，以防干缩
清油→油色→漆片→清漆面涂层	选用加色石膏油腻子，在清油干后满批。对表面比较光洁的红、白松面层采用嵌补；对缺陷较多的杂木面层一般要满批
水色→清油→清漆面涂层	选用加色石膏油腻子，在清油干后满批。为使木纹清晰要把腻子收刮干净。待批刮的腻子干后，再嵌补洞眼凹陷
润油粉→聚氨酯清漆底→聚氨酯清漆面涂层	选用聚氨酯清漆腻子，腻子颜色要调成与物面色相同。在润完油粉后嵌批。嵌批时动作要快，不能多刮，只能一个来回
清油→油色→清漆面涂层（木地板油漆）	选用石膏油腻子。先将裂缝等缺陷处用稠石膏油腻子嵌填，打磨、清扫，再满刮。满批腻子用水量要少，油量增加 20％。满批前先把腻子在地板上做成条状，双手用大刮板边批刮边收净腻子
润油粉→漆片→打蜡涂层（木地板油漆）	选用石膏油腻子。嵌补腻子要在润油粉、刷二道漆片后进行。腻子的加色要和漆片颜色相同，嵌疤要小，一般不满批

水泥、抹灰面层腻子的选用及嵌批方法 表 7-6

涂层做法	腻子选用及嵌批方法
无光漆或调合漆涂层	选用石膏油腻子批头遍腻子干后不宜打磨，二遍腻子批平整。水泥砂浆面要纵横各批一遍
大白浆涂层	选用菜胶腻子或纤维素大白腻子。满批一遍，干后嵌补。如刷色浆，批加色腻子
过氯乙烯漆涂层	选用成品腻子。在底漆干后，随嵌随刮（不满批），不能多刮以免底层翻起
石灰浆涂层	选用石灰膏腻子。在第一遍石灰浆干后嵌补，用钢皮刮板将表面刮平

金属面层腻子的选用及嵌批方法 表 7-7

涂层做法	腻子选用及嵌批方法
防锈漆→色漆涂层	选用石膏油腻子。防锈漆干后嵌补。为增加腻子干性宜在腻子中加入适量厚漆或红丹粉
喷漆涂层	选用石膏腻子或硝基腻子。为避免出现龟裂和起泡，在底漆干后嵌批。头道腻子批刮宜稠，使表面呈粗糙。二、三道腻子稀。硝基腻子干燥快，批刮要快，厚度不要超过 1mm。第二遍腻子要在头遍腻子干燥后批刮。硝基腻子干后坚硬，不易打磨，尽量批刮平

（三）打　　磨

处理基层需要打磨，嵌批腻子后需要打磨，涂料施涂过程中有时也需要打磨。可见打磨在工序中的地位。打磨可以增强涂层的平整性和附着力，可以有助于表现涂料的装饰性。

按打磨使用工具不同分手工打磨和机械打磨。

按打磨方式不同分为干打磨和湿打磨。

按打磨用力不同分为轻打磨与重打磨或粗打磨与精打磨。

打磨前要注意以下四点：

憎水基层、批刮水腻子腻层、水溶性涂层采用干打磨。

硬质涂料或含铅涂料宜采用湿打磨。

涂膜坚硬不平,选用坚硬的打磨工具。

腻层或膜层干固后,打磨。

1. 手工打磨

砂纸砂布的选用原则:按照打磨量、打磨的精或粗,选择使用不同型号的砂纸、砂布;按照涂膜不同性质,选择布砂纸或水砂纸。

打磨要求:先重后轻、先慢后快、先粗后细、磨去凸突,达到表面平整,线角分明。

具体操作:

把砂纸或砂布包裹在木垫中,一手抓住垫块,一手压在垫块上,均匀用力。

也可用大拇指、小拇指和其他三个手指夹住砂纸打磨(图7-2)。

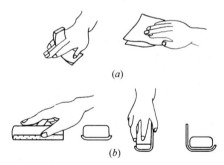

图 7-2　砂纸打磨法

(*a*)用手打磨;(*b*)砂纸包在木垫上打磨

打磨涂膜层:涂料施涂过程中,膜面出现橘皮、凹陷或颗粒体质料,采用干磨,用力要轻。膜层坚硬,可先采用溶剂溶化,用水砂纸蘸汽油打磨。

2. 机械打磨

机械打磨主要适用于大面积的打磨。使用机械打磨主要应控制好打磨速度和打磨深度。

（四）调　　配

1. 调色

成品涂料的色彩多种各样，但在不能满足设计和使用要求时，要对涂料的颜色进行调配。一般先试配小样板。经设计和业主认可后，可以大批量按比例配制。

调配颜色主要依靠经验的积累，依靠颜色色板参照物。

调配涂料颜色的要点：

（1）原则上只允许在同一品种、同一型号涂料之间才能进行调配。

（2）配色时以用量大、着色力小的颜色为主色，以着色力强、用量小的颜色为次色、副色。调配时，慢慢渐进，有序地将次色加入主色中搅拌，观察色调的变化，边调边看，直到满意为止。

（3）配色是一项比较复杂而细致的过程。配色要理解"色头"的含义（涂料配色调配微色量的行业术语），要注意"色头"在调色中的作用。

如配正绿，一般采用带绿头的黄与带黄头的蓝，也就是必须采用带微量绿色的黄色颜料和带微量黄色的蓝色颜料（微量，凭经验灵活掌握）。

（4）加入不同分量的白色，可将原色或复色冲淡，使色彩的深浅不同。

（5）加入不同分量的黑色，可得到不同明亮程度的色彩。

（6）配色时必须考虑到涂料在湿时其颜色较浅，干后变深。所以配色时颜色要比样板上的颜色略淡些。

（7）调色时，如有必要可以添加催化剂、固化剂、稀释剂、清漆等辅助材料。

配色就是改变主色、次色、副色的不同用量，获得满意的颜色。

常用的涂料颜色配比见表 7-8。

常用的涂料颜色配比　　　　　　　表 7-8

颜色名称	配 比 （%）		
	主　色	次　色	副　色
粉红色	白色 96	红色 4	
赤黄色	中黄色 60	铁红色 40	
棕色	铁红色 50	中黄色 25	黑色 12.5
		紫红色 12.5	
咖啡色	铁红色 74	铁黄色 25	黑色 6
奶油色	白色 96	黄色 4	
苹果绿色	白色 94.6	绿色 3.6	
		黄色 1.8	
天蓝色	白色 95	蓝色 4	
浅天蓝色	白色 98	蓝色 2	
深蓝色	蓝色 90	白色 10	
墨绿色	蓝色 56	黑色 7　黄色 37	
草绿色	黄色 65	中黄色 20	蓝色 15
湖绿色	白色 75	蓝色 10　柠檬黄色 10	中黄色 5
淡黄色	白色 60	黄色 40	
橘黄色	黄色 92	红色 7.5	淡蓝色 0.5
紫红色	红色 95	蓝色 5	
肉色	白色 80	橘黄色 17	红色 2.75　蓝色 0.25
银灰色	白色 92.5	黑色 5.5	淡蓝色 2
白色	白色 99.5		群青色 0.5
象牙色	白色 99.5		淡黄色 0.5

调配色浆主要以白色为主，加入其他颜料配制而成。常见的色浆颜色配合比见表 7-9。

色浆颜料用量配比 表 7-9

序号	颜色名称	颜料名称	配合比（占白色原料%）
1	浅蓝色	红土子色 土黄色	0.1～1.2 6～8
2	米黄色	朱红色 土黄色	0.3～0.9 3～6
3	草绿色	砂绿色 土黄色	5～8 12～15
4	浅绿色	砂绿色 土黄色	4～8 2～4
5	蛋青色	砂绿色 土黄色 群青色	8 5～7 0.5～1
6	浅蓝灰色	普蓝色 墨汁色	8～12 少许
7	浅藕荷色	朱红色 群青色	4 2

2. 调稠

成品涂料的稠度，称为基本稠度。是涂料生产厂家经过多次试验的结果，适用于一般情况下采用固定的施工方法调配的稠度。但影响涂料的稠度因素很多，如贮藏时间、气候温度、涂饰方法、施涂工具、基层品质等都可能会造成稠度过大。为了适应现场施涂的要求，就有必要通过加入稀释剂降低稠度。涂料通过稀释后的稠度，称之为施工稠度。

溶剂型涂料其稀释剂的用量一般不超过 10%。稠度太低会影响涂膜的成活质量。正确掌握涂料的施工稠度，仍要靠经验的摸索。

稀释剂必须与涂料配套使用。稀释剂的选择必须与涂料成膜物质的性能相容。如硝基漆要用香蕉水、虫胶漆用乙醇。应急情况，可谨慎使用代用品。

与涂料配套使用的稀释剂见表 7-10。

常用的稀释剂列表 表 7-10

涂料品种	适用稀释剂	代用稀释剂	备　注
油性油漆、酯胶漆、钙脂漆	200 号溶剂汽油、松节油	汽油	
酚醛漆、中油度醇酸漆、沥青烘漆、环氧树脂漆	X-6 醇酸漆冲洗剂、X-7 环氧漆冲洗剂、200 号溶剂汽油、松节油、二甲苯	汽油	用于中油度醇酸漆，随用随配，不可久留
纯酚醛漆、中油度醇酸漆、短油度醇酸漆、沥青漆、氨基漆	二甲苯、X-6 醇酸漆冲洗剂、X-4 氨基漆冲洗剂	原适用稀释剂可互换；汽油与适用稀释剂 2：3 的混合液；汽油与香蕉水 3：2 的混合液	
硝基漆、过氯乙烯漆、快干丙烯酸漆	X-1、X-2 硝基漆稀释剂、X-3 过氯乙烯稀释剂、X-5 丙烯酸稀释剂	原适用稀释剂可互换；原适用稀释剂与 200 号溶剂汽油 4：1 的混合液	只能作底漆，不可作面漆

目前，各类溶剂性涂料新品种繁多，人工合成树脂的名称与其内在的特性不统一、不规范；进口涂料音译名多，容易引起混乱，对各类如过氯乙烯漆等专用溶剂性涂料和双组分涂料的调配，应该严格按照产品说明书进行调配。

3. 色配

着色于木质基层面的颜色，称之为色配。色配主要包括水色、酒色和油色。

（1）水色的调配

调用的颜料或浆料能溶于水，故称水色。

在木质面涂水色，目的是为了改变质面的颜色，使之色泽均匀又美观。

配制水色宜选用酸性颜料或染料。酸性颜料耐光又不易褪色，着色面的纹理清晰，色泽艳丽、透明。

水色的调配宜用清洁的软水，对于硬水可将水煮沸或加约1％的纯碱或氨水。

如用非透明如氧化铁黄、氧化铁红等颜料，应先用开水将颜料泡至全部溶解后再进行配制。

用这类颜料配制水色，涂刷在木质面上会有粉层，故需加入适量的皮胶或猪血料。

调配水色的颜色深浅，要根据木质面的情况和样板色灵活掌握。水色的调配：其中，水占 70％～90％，其余为颜料。水色配合比见表 7-11。

<table>
<tr><td align="center">水色配合比</td><td colspan="7" align="right">表 7-11</td></tr>
<tr><td>重量（％）
色相
原料</td><td>柚木色</td><td>深柚木色</td><td>栗壳色</td><td>深红木色</td><td>古铜色</td><td>荔枝色</td><td>蟹青色</td></tr>
<tr><td>黄纳粉</td><td>4</td><td>3</td><td>13</td><td>—</td><td>5</td><td>6.6</td><td>2.2</td></tr>
<tr><td>黑纳粉</td><td>—</td><td>—</td><td>—</td><td>15</td><td>—</td><td>—</td><td>—</td></tr>
<tr><td>墨汁</td><td>2</td><td>5</td><td>24</td><td>18</td><td>15</td><td>3.4</td><td>8.8</td></tr>
<tr><td>开水</td><td>94</td><td>92</td><td>63</td><td>67</td><td>80</td><td>90</td><td>89</td></tr>
</table>

（2）酒色的调配

酒色是有色虫胶漆。由颜料与虫胶漆配制而成。也可用稀释的硝基清漆或聚氨酯清漆加颜料配制。

酒色的作用介于铅油和清油之间，不仅可显露木纹，还可对木质面进行着色，使质面色泽一致。施涂酒色还能起到封闭作用。市场上木质家具施涂硝基清漆时普遍涂刷酒色。

酒色的配合比要按照样板色灵活掌握。

酒色的颜色变化范围很大，选用颜料的种类和数量灵活性就更大。特别是酒色用于拼色时，更要靠经验。

（3）油色的调配

油色是介于铅油与清漆之间一种自行调配的着色涂料。着色于木质面后，既能显露木纹又能使色泽均匀一致。

油色的调配与调配铅油大致相同，但要更细致些，关键是掌握好着色铅油的用量。调配时可根据颜色的组合，先在主色铅油中加入少量稀释剂充分拌和。然后，再将次、副色铅油逐渐加到主色铅油内调拌，直至达到所要求的颜色。然后，加入全部混合稀液，拌后再分别加入熟桐油、催干剂进行搅拌，用 100 目铜丝罗过滤除去杂质，最后将松香水掺入铅油内，充分搅拌均匀，即为油色。如选用非透明颜料配色，使用之前要用松香水充分浸泡。

油色选用的颜料一般为氧化铁系列。其耐晒性好，不易褪色。油类常采用铅油或熟桐油，其配合比重量参考如下：

铅油：熟桐油：松香水：清油：催干剂＝7：1.1：8：1：0.7

（五）刷　　涂

刷涂是传统的操作方法。因使用工具简单，易于掌握，适应性强而被普遍采用。直到现在，仍不失为最基本的施涂工艺。

刷涂质量是否符合质量要求，排除涂料品质、基层品质的因素外，主要取决于操作者的经验和对技法的熟练运用。

1. 选用刷具

刷具的种类，这里是指尺寸大小，形态，毛质的硬软、厚薄和弹性方面的区别。

工具选用得好，能提高涂膜的成活质量和工效。

工具选用的主要依据：一是涂料的品质；二是涂刷的部位。

如：弹性大的硬毛扁笔，适用于刷涂磁漆、调和漆及底漆等黏度大的涂料；弹性较好，毛较厚的猪鬃扁刷，适用于刷涂油性清漆；单毛排刷和板刷，适用于刷涂硝基漆、丙烯酸清漆等树脂清漆；特制刷，适用于刷涂天然漆。

具体部位主要依据刷涂的面积选择刷笔的大小。

2. 操作方法

在刷涂之前，先要调整好涂料的稠度（调稠部分），稠度的调整以不影响涂膜质量为前提，达到刷涂运笔自如就行了。

用鬃刷刷涂普通油漆的步骤和方法：蘸油、摊油、理油。

（1）溶剂型涂料刷涂

蘸油：蘸油要做到既多又不滴落。要做到这一点，蘸的次数要达到三次以上，每次又不能蘸得太多，蘸油后立即将刷头在容器壁各拍打一次（使涂料进入刷毛端部的内处），迅速提起涂刷。

摊油："摊"，含有平均分布的意思。摊油是把刷具上的涂料涂刷到饰面上。摊油用力要适度。从摊油部位上半部向上刷涂，然后再向下刷涂，这样有利于把刷子正反两面的涂料用完。摊油时各刷间要留有一定间隙。间隙的大小依摊油量的多少和基层状况而定。一般的物面可留 5～6cm 间隙（图 7-3），在吸收性强的基层面摊油可不留间隙。对不平整、难刷的部位可适当多摊些油。

图 7-3　摊油方法　　图 7-4　理油方法

理油：摊油后一刷挨一刷地从刷油顶部，轻轻地将涂料上下理顺（图 7-4）。理油要用力均匀，涂刷平稳，使涂膜厚薄一致。走刷临近结束时，要逐渐将刷子提起，留下茬口。

木质面顺木纹理油；垂直面由上自下理油；水平面顺光线照射方向理油。理油不能中途停刷。

摊油、理油适用于大面积的涂刷。

用鬃刷刷涂的顺序：先左后右，先上后下，先难后易，先线角后平面。

用排刷刷涂，要顺木纹方向运刷。

排笔蘸油量不宜过多，运笔要轻，用力要均匀。对硝基漆等粘度大、挥发快、固体含量低、易溶解的涂料，进行底层涂刷时，动作要迅速，要一次刷成。

（2）水性涂料的刷涂

水性涂料的刷涂比溶剂型涂料刷涂简单，但刷涂的面积大，应注意如下几点：

一般由窗门边开始向远处涂刷，要迎着房间主光线照射的方向涂刷，以避免刷迹。涂刷片段不宜过宽，应保持边缘不干燥，不显接痕。

用分散性水性涂料涂刷时，当刷涂顶棚、墙面等较大面积时，中途不要间断。如需间断应选择在墙角、门窗等自然分界部位。

常用涂料刷涂工具的选用及刷涂方法，见表7-12。

常用涂料刷涂工具的选用及刷涂方法　　　　表7-12

品种	刷　涂　方　法
清油	按正确刷涂顺序均匀涂刷。木质面上刷涂可加入少量颜色，使木材颜色一致。抹灰面一般采用3″～4″或16管排笔刷涂。如刷涂时间较长，清油变稠，需及时加入稀释剂调整稠度
铅油	一般可使用刷过清油的油刷涂刷。抹灰面可使用3″油刷或16管排笔。木质面上要顺木纹涂刷，线角处不能刷得过厚；在抹灰面上涂刷的头道铅油，要配得稀一些，以便于刷开、刷匀。涂刷高度较高时要由两人上下配合，不得使接头处有重叠刷迹。接头宜选在自然分界处。要从不显眼处刷起，二道铅油调配时油料要重，保证涂膜有较好的光泽
调和漆	刷调和漆一般都用旧刷涂刷。调和漆黏度较大，刷涂时要多刷、多理
油基磁漆	每次摊油的片段不可过大，动作要迅速，要摊足、摊匀。理油时要平稳、用力要均匀。最好选用半新旧的刷子

品　种	刷　涂　方　法
无光油	墙面顶棚刷涂可选用 4″～5″ 的大油刷。其刷涂方法与刷铅油基本一样。这种涂料干燥快，刷涂要快、要刷匀、接头处要刷开，再轻轻理平。将一个刷面刷完后，再刷下一个刷面
酚醛清漆和醇酸清漆	选用猪鬃油刷。摊油横涂或斜涂，将漆均匀刷开，用力可大些。最后顺木纹方向理直。理油时用力要逐渐减小，用油刷的毛尖轻轻收理平直
硝基清漆	刷时动作要快。每笔刷涂长短要一致（约 40～50cm），顺木纹方向刷涂，不能来回多刷，以免出现皱纹，或将下层的漆膜拉起。为避免将下层漆层溶解，要注意掌握漆中溶剂的挥发速度。干燥快的涂料，一次刷涂的涂层厚度可适当厚些。涂刷第一遍时可稍稠，以后几遍要用 2～3 倍的稀释剂稀释后涂刷。刷具常选用不脱毛，富有弹性的旧排笔或底纹笔
聚氨酯和丙烯酸清漆	操作方法与刷涂硝基漆相同，但可适当来回多刷，刷涂层要薄。在常温条件下，刷涂第二道时，应在第一道涂层干后进行。刷涂聚氨酯清漆，涂层间隔的时间不能过长。温度在 15～30℃ 时，每日刷一道；温度在 30℃ 以上时，每日可刷两道
过氯乙烯漆	过氯乙烯漆干燥很快，不能来回多刷，接头处不能留有重叠。刷涂宜选用鬃刷
虫胶清漆	宜使用排笔刷涂。刷涂顺序一般按从左到右，从上到下，从前到后，先内后外，顺木纹方向刷涂。涂刷时，精神要集中，动作敏捷，用力均匀，不能过多的来回刷，以免出现刷痕、色泽不一、混浊等缺陷。蘸油时，每笔的漆量尽量保持一致。冬季施工应保持在 15℃ 以上，也可在漆内加入少量的松香酒精溶液（不宜超过用量的 5％）
水色	选用排笔、油刷（2″～3″）或湿抹布刷涂。刷涂时先用排笔多蘸些水色，横竖来回涂刷让水色均匀地渗进木材管孔内。在水色未干时顺木纹将水色理通、理顺。涂刷时，用力要轻而均匀。如遇局部吸收水色过多，可用湿抹布擦淡一些。不留刷痕

品种	刷 涂 方 法
油色	刷涂逐段、逐面进行，刷涂搭接处互相错开，以免留下痕迹。刷涂面积较大时，宜由 2～3 人合作操作。油色不能沾到未刷的面上，以保证色泽的均匀一致。先从物面的不明显处刷涂，最后涂刷明显部位。刷涂宜用鬃刷
石灰浆	选用硬毛圆刷或将两把 5″ 油刷或 3 把 3″ 油刷拼宽，装上长柄刷涂。 小面积可使用 16 管排笔。刷色浆要加色，前两遍颜色要偏浅，最后一遍配成样板要求的颜色，各刷间要相互挨紧，不留空处，相接处应刷开、刷匀、刷通
大白浆	宜选用多管排刷刷涂。刷涂时，动作要轻快，接头处不得重叠。大白浆一般需刷涂两遍以上。如刷色浆，批加色腻子，加色由浅到深
可赛银浆	刷涂方法与大白浆大致相同，刷涂要细致一些。当基层品质较好，颜色又与涂料接近时，一般刷涂两遍即可。待第一遍浆基本干燥（无明显湿痕时），即可刷涂第二遍浆。两遍浆的间隔时间不要过长。选用刷毛较为柔软的排笔
聚合物水泥浆	宜选用油刷、排笔，对粗糙的表面可选用圆头硬毛刷。使用圆头硬毛刷用力圈涂，使涂料渗到基层表面的孔隙中去。刷涂后应在潮湿状态下养护 72h
乳胶漆	刷具选用排笔，乳胶漆干燥快，刷面应一次完成。大面积刷涂时，应由多人配合，从一头开始，流水作业，互相衔接刷向另一头
聚乙烯醇类内墙涂料	选用羊毛排笔为宜，一般需刷涂两遍以上。刷涂时应上下走刷。第一遍涂刷可适当多蘸涂料，将涂料刷开。第一遍刷完待干燥 1～2h 后可刷涂第二遍，第二遍蘸料不宜过多，尽量刷薄。已配制好的涂料，使用时一般不能加水。如确实太稠，可加少量热水搅拌均匀

（六）擦　　除

擦除（揩涂）是传统工艺中一种特殊的手工施涂。最大的特点：工具是用软包做成的。用软包擦填孔料、擦颜色、擦硝基漆、擦虫胶漆、擦蜡克等，是涂饰木质基层常用的一种工艺。

1. 擦填孔料

先用较软的尼龙丝（竹丝）浸饱填孔料，对整个基面进行圈涂，使填料完全进入孔管内；在孔料快干时，将表面多余的涂粉擦掉；再用干净的软包先圈擦后再顺木纹擦。擦完后将残留于线角等处的积粉清除。

擦涂时要做到快、匀、全、洁。

快：擦涂动作要快；

匀：用力均匀；

全：擦涂不遗漏，木纹清晰，颜色一致；

洁：饰面清洁，无积粉。

2. 擦涂颜色

擦涂颜色的操作要领、要求与擦填孔料大致相同。不同的是，擦颜色前，要先将颜料调成糊状，用毛刷均刷物面一次约 $0.5 \sim 0.8 \mathrm{m}^2$，用拧干水的湿软布包猛擦，将所有的棕眼擦平后，顺木纹方向把多余色浆擦掉。擦平时，要使布下成平底状（图7-5）。

图7-5　软包成平底的握法

擦色片与片之间间隙时间不能太长，以免留下接茬痕迹。擦完后，再用干布均匀用力遍擦一次；最后一次对色泽做均匀处理的同时，也要清除掉积存在物面的微细颗料。刷涂之前不得沾湿，沾湿使色泽不一致。

3. 擦涂涂料

手握软包手指分工：大拇指推压软包，使涂料从软包边缘流出；中指、食指拉压软包，使涂料在拉压下分布在物面上。

擦涂涂料软包运行的线路大致有分四种，每种线路都有其不同的作用，形成互助，以达到擦涂的质量。

以擦硝基漆为例：

圈涂：使涂料充分、均匀地填塞于基层面上的孔隙，并使涂层逐渐加厚，使物面有规律的接受软包的拉压，初步达到平整。

横涂：软包在物面的擦涂路线呈"8"字形或蛇形，有规律的重叠，更有利于涂料的均匀分布，擦压平实，提高涂膜的厚度，消除圈涂留下的痕迹。

直涂：软包在物面上呈直线运行，消除横涂的痕迹，使涂层厚薄均匀、光滑。直涂是最后一次的精加工。

直角擦涂：通过上述方法擦涂后，直角擦涂使物面边缘部位得到与平面一样的涂膜厚度。

软包擦涂运行的路线，因操作者习惯而异，不强求一律。但直涂和直角擦涂是不可缺少的环节。擦涂运行路线如图 7-6 所示。

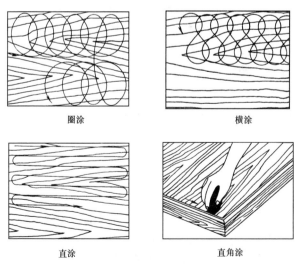

圈涂　　　　　　　　　　横涂

直涂　　　　　　　　　　直角涂

图 7-6　擦涂运行路线

擦涂能够获得高质量的厚实丰满的涂膜，主要归功于软包运行的不同路线和擦涂过程中的压力。每一次不同路线的擦涂都能形成平整均匀且极薄的涂层，干燥收缩小。擦涂是一层一次的平整加工，一层一层膜层累加的结果。

（七）漆　擦

漆擦涂料是速度最快的一种施涂方法，仅次于喷涂。在国外应用很广泛。

1. 擦涂工具的选用

漆擦工具：在泡沫材料上包有羔羊毛或马海毛的擦子。

漆擦工具的选用主要依据涂料的附着力的大小、涂膜的平整度要求；另外，还要考虑施涂基层面积的大小，从而选用规格不同、长短毛不同的擦子。

如擦门窗框、挂镜线等细木饰件，选用 2.5cm×5cm 左右规格的漆擦，施涂大面积时可选用 10cm×20cm 的漆擦。

如对平整度要求高的物面施涂涂料，可选用长毛漆擦。

漆擦的蘸油是吸收滚筒上黏附的涂料。类似我们在邮局用手指沾滚轮上的粘剂贴邮票。

2. 漆擦涂料的特点

操作简单，成膜厚，不容易产生刷痕，流坠，滴落等现象。适用于对底漆和渗透性要求高的基层面施涂涂料，效果优于滚涂。

（八）喷　涂

喷涂的优点：涂料从喷枪的喷料嘴中以雾状分散沉积在基层面上，工效高。适用于大面积施涂。对于被施涂物面上凹凸、曲折转角处、孔缝等部位均能喷射到，外观质量好。

目前，在涂饰工程中，应用最广的是利用气压喷涂，其次是高压无气喷涂。

1. 空气喷涂

空气喷涂是利用喷料嘴中形成的负压，将涂料以雾状的形态带出，喷在被涂物面上。

空气喷涂的主要不足之处有：

（1）涂料必须稀释，涂料不仅利用率低（约有 1/5 飞散到空气中），还容易造成环境污染，对人体造成危害。在空气中达到一定浓度后，可引发爆炸；

（2）涂料的渗透性和附着力一般比刷涂差；

（3）成膜较薄，必须反复喷涂多次才可以达到要求的厚度。

2. 高压无气喷涂

高压无气喷涂，是涂料在高压下通过喷料嘴，瞬时剧烈膨胀，雾化成极细的扇形流喷向物面。

高压无气喷涂适用的涂料品种较广，特别适用于喷涂高粘度的涂料。与空气喷涂比较具有明显的优越性：

（1）工效高，涂料损失少；

（2）成膜厚，遮盖力高，光洁度高，附着力强；

（3）漆雾少，改善劳动环境；

（4）可喷涂高粘度涂料，不用稀释剂，节约成本。

其缺点：仅适用于大面积喷涂。对压缩机及其附件的清洗费工、费时。

3. 喷涂方法

（1）喷料嘴口径的选择：空气压力较低，喷涂面积小，黏度低的涂料宜选用小口径喷料嘴。反之选择大口径喷料嘴。在不影响涂膜质量的前提下，应尽量选用较低的空气压力，较小喷料嘴口径和黏度高的涂料。

（2）喷枪与物面距离的选择：距离以既不会产生大量的漆雾，又能最大限度覆盖物面的面积而决定。

一般情况下，涂料粘度高，距离近些；反之，距离远些。但

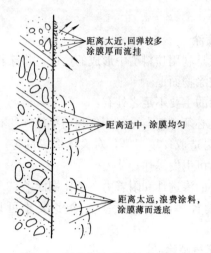

距离太近,回弹较多
涂膜厚而流挂

距离适中,涂膜均匀

距离太远,浪费涂料,
涂膜薄而透底

图 7-7　距离与涂膜质量的关系

过近过远,都会影响涂膜的质量(图 7-7)。要凭经验和直观掌握好距离。通常距离取 15～30cm,硝基漆等快干涂料取 15～25cm,慢干涂料距离可适当拉远些,一般取 50～75cm 以上。

喷涂有纵横交替喷涂和双重喷涂两种方法。双重喷涂也叫压枪法,采用较为普遍。

涂料从喷料嘴中是以锥形射向物面。中心距离离物面最近,涂料落点多,故涂层厚;边缘离物面距离远,涂料落点相应较少,故涂层薄。为了使涂层厚薄一致,前一枪喷涂后,后一枪喷涂的涂层要覆盖前一枪涂层的一半,这样就可以得到厚薄均匀的涂层了(图 7-8)。

喷涂作业注意要点:

(1) 喷料嘴与物面要垂直。喷枪必须走成直线(图 7-9);

(2) 喷涂长度以 1.5m 左右为宜,喷枪要匀速移动;

(3) 角落部位的喷涂:阳角部位可先从顶部自上而下垂直喷涂,再水平喷涂;阴角部位的喷涂,应分别从角的两边,由上而下垂直喷涂,再水平喷涂。否则,会影响涂膜质量。

常用涂料喷涂方法见表 7-13。

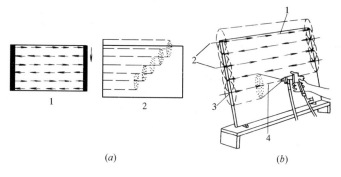

图 7-8　喷枪的用法

（a）1—先喷两端部分，再水平喷涂其余部分；2—喷路互相重叠一半；

（b）1—第一喷路；2—喷路开始处；3—扣动开关处；

4—喷枪口对准上面喷路的底部

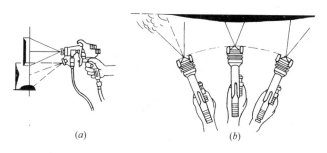

图 7-9　喷枪的角度和移动方法

（a）喷枪与墙面的角度应垂直；（b）喷枪移动时不可走弧线

常用涂料喷涂方法　　　表 7-13

涂料种类	喷涂方法及注意事项
底漆	无面漆时喷涂 2～3 遍，各遍间要连续喷，以加强层间粘结。对麻眼多或吸收性强的部位，可补喷，对颜料重的底漆，必须搅匀后方可使用
二道底漆	连喷数遍，达到涂层流平即可
油基磁漆	喷嘴距物面 30cm 左右，每遍喷涂不易厚。移动喷枪速度以漆料的落点布满为准。否则，易产生涂层厚薄不均或流坠现象

涂料种类	喷涂方法及注意事项
硝基磁漆	喷涂距离一般为 15～25cm。头遍喷涂的速度要快，涂层要薄；第二遍喷涂待涂层快干时喷涂，一般需连续喷 2～3 遍。喷涂速度要快。面积较大，可采用多枪喷或逐级分片喷的方法
过氯乙烯磁漆	与硝基磁漆的操作方法基本相同，只是需在 35℃ 以下的温度喷涂，温度过高易起小泡。各次喷涂时间的间隔不宜超过 36h。阴雨天喷涂需加入防潮剂
水浆涂料	喷浆应在建筑物门、窗、饰物最后一遍面漆前进行，以保证这些部位不被沾染。头遍浆应调配稠些，砖墙吸水性强，一般应配的稀些。喷涂顶棚，先沿顶棚与墙面交接部位喷出一条 20～30cm 宽的边，再由里向外、边喷边退向门口。喷涂清水砖墙时，喷头要始终对着砖缝，对墙面稍做补喷即可

（九）滚　　涂

滚涂是利用滚筒滚蘸涂料，通过滚压把涂料附着到基层物面上的施涂方法。

滚涂省时省力，涂布均匀，不显滚痕和接茬，涂饰成膜质量好。适用于大面积施工，也适用于混凝土面、抹灰面、砖石面、浮雕装饰面等涂饰。属目前应用最广的涂饰工艺。

滚筒的种类、规格不尽相同。滚筒工具的选用与基层的品质、涂料的品种、饰面要求有关（见表 7-14～表 7-17）。

不同宽度的滚筒及适用面积　　　　表 7-14

滚筒宽度	适　用　面　积
18″	大面积
7″～9″	办公楼、住宅等中等面积
2″～3″	门框、窗棂、踢脚板等小面积

绒毛长度与滚筒性能、涂料选用的关系　　表 7-15

绒毛长度	滚筒特点	用　　途
6mm 左右	吸附的涂料不多，滚涂的涂膜较薄且平滑	用于光滑面上滚涂有光或半光涂料
12～19mm	一次能吸附较多的涂料，涂膜带有轻微的纹理，可使涂料渗进基层面的毛孔或细缝中	滚涂墙面和顶棚色漆面层。绒毛长度为 19mm 的适宜滚涂砖石面和其他粗糙基层面
25～30mm	一次吸附的涂料很多，滚涂的涂层较厚	适宜滚涂粗糙面

不同筒套材料的使用特性　　表 7-16

材料种类	使用特性
羔羊毛	适宜在粗糙面上滚涂溶剂型涂料
马海毛	适宜在光滑面上滚涂溶剂型涂料，也可滚涂水性涂料
丙烯酸系纤维	适宜滚涂溶剂型和水性涂料，适用于光滑面或粗糙面上
聚酯纤维（涤纶）	适宜滚涂溶剂型涂料，多用于室外物面

套筒材质的选用　　表 7-17

材料选用 要求 涂料品种		饰面要求		
		光滑面	半糙面	糙面或有纹理的面
水乳性涂料	无光或低光	羊毛或化纤的中长度绒毛	化纤长绒毛	化纤特长绒毛
	半光	马海毛的短绒毛或化纤绒毛	化纤的中长绒毛	化纤特长绒毛
	有光	化纤的短绒毛	化纤的短绒毛	

105

材料选用　　要求 涂料品种		饰面要求		
		光滑面	半糙面	糙面或有纹理的面
溶剂性涂料	底漆	羊毛或化纤的中长度绒毛	化纤的长绒毛	
	中间涂层	短马海毛绒毛或中长羊毛绒毛	中长羊毛绒毛	
	无光面漆	中长羊毛绒毛或化纤绒毛	长化纤绒毛	特长化纤绒毛
	半光或全光面漆	短马海毛绒毛，化纤绒毛或泡沫塑料	中长羊毛绒毛	长化纤绒毛
特殊涂料	防水剂或水泥封闭底漆	短化纤绒毛或中长羊毛绒毛	长化纤绒毛	特长化纤绒毛
	油性着色料	中长化纤绒毛或羊毛绒毛	特长化纤绒毛	

注：短绒毛：为 7mm 左右；中长绒毛：为 10mm 左右；长绒毛：为 20mm 左右；
特长绒毛：为 40mm 左右。

滚涂施工方法及要点：

（1）把滚筒直径的 1/3 浸入涂料中，蘸取涂料后，在准备好的铁网上来回滚动几次，使套筒均匀吸附涂料，然后在饰面上进行滚压。

（2）先在饰面的边缘、角落卡边部位进行滚压，滚压方向要一致。滚涂有光油和半光油涂料，最后一遍要用套筒理油。理油方向顺木纹或朝向强光照射的方向滚涂（操作方法同涂刷相同）。

（3）在墙面上滚涂，为使涂层厚薄一致，滚涂方向从下向上，再从上向下，沿"W"形轨迹运行（图 7-10）。滚涂以后，用蘸油已少的滚筒在饰面轻滚一下，然后就可以沿水平或垂直方

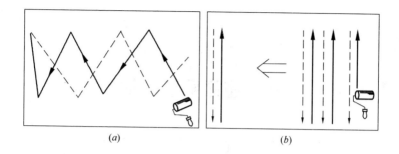

图 7-10　滚涂路线

（a）滚筒的运行路线 1；（b）滚筒的运行路线 2

向滚涂。顶棚与地面的滚涂方法与墙面滚涂方法相同。

（4）滚压一般要求两遍成活。

八、施涂质量控制

房屋建筑能最终竣工，是各专业、各工种相互配合、协调、物化劳动的结果。油漆工在建筑活动中所处的地位和发挥的作用具有特殊性。在本工种施工前，已有半成品存在，因此，就存在着工序交接，这势必影响施涂质量。如何控制本工种的活动质量，前面已做了有关叙述。本章主要从工序交接的鉴定、施涂环境控制、材料用量控制等方面做些补充。

（一）工种之间交接的鉴定

油漆工涂饰的基层物面，常见的有木质面、水泥面、石灰浆面、金属面等。这就必然发生与木工、抹灰工等工种的工序交接。这就要求熟悉上述工种从事建筑活动的质量验收规范及评定标准，并在交接过程中，共同协商解决或避免可能会出现的一些质量问题。

木工交出的工作面，一般有木门窗、木顶棚、木地板以及其他木装饰制品。油漆工应该熟悉与上述工作面有关的质量评定标准。

抹灰工交出的工作面是抹灰面，除熟悉有关这方面的验收规范外，还应该了解裂缝、起壳、起砂，表面不平整、不光滑、阴阳角不顺直等质量通病产生的原因和防治办法。油漆工应该具备多方面的知识，对增长才干提高技艺极为有利。

如抹灰面的外观质量标准：

普通抹灰：表面光滑、洁净、接槎平整、灰线清晰顺直。

高级抹灰：表面光滑、洁净、颜色均匀、无抹纹，抹灰平直方正、清晰美观。

一个合格的油漆工起码知道"表面光滑、洁净",是抹灰面外观必须达到的质量要求。

又如水泥面的含水率,严格地说不属于工种之间交接的验收条件,但作为油漆工应该通过颜色,析出物状态,用手触摸,并凭借个人的经验,判断出该基层面潮湿与否,是否适宜施涂施工。

(二)施涂环境的控制

涂膜的成活质量,影响因素很多。其中施涂作业环境和施涂气象环境等是不可忽视的。

1. 施涂作业环境的控制

控制要点:

被饰面的孔洞,缺棱掉角处是否已修补,细部构造是否已做了处理;

门窗是否按设计要求安装完毕;

脚手架是否已经搭好;活动吊篮是否已经安装好;是否能确保施涂施工安全。

2. 施涂气象环境的控制

气象对施涂成膜质量的影响见表 8-1。

气象环境对成膜质量的影响 表 8-1

气象条件		涂饰缺陷	
		涂饰阶段	涂膜状态
温度	高	干燥太快	表面皱裂
	低	干燥不良	变色、不均匀斑点
	结露	涂膜流挂,附着力差	起泡
湿度	高	混浊	起泡、剥落、光泽差
	低	异常的早期干燥	表面皱裂

气象条件		涂饰缺陷	
		涂饰阶段	涂膜状态
大 风		飞溅、油状喷雾、异常早期干燥	涂膜被污染
雨 雪		流失	起泡、剥落
大气污染	盐雾	吸湿作用，附着力差	
	腐蚀气体 SO_2、N_2O_5、H_2S	附着力差	涂膜异常
	阳光	异常早期干燥	耐光性、耐久性差

注：气象条件很少有单独影响的，往往是各种因素综合作用，决定着涂膜的质量品质。

控制要点：

施涂温度、湿度要适宜。一般施涂环境温度不宜低于 $10℃$，相对湿度不宜大于 60%，冬季施涂应控制在 $10\sim16h$ 之间。温度太低，要采取保温措施，温度要控制均衡。

大雨、大风、大雾、烈日的天气，应停止施涂。如遇到特殊要求，要相应采取遮挡措施。非在雨季施工的，可采取在涂料中增加催干剂、防霉剂及调整材料的配合比等措施。

3. 涂料用量的控制

涂膜的厚度与涂料的施工用量有直接的关系。涂膜的厚度是否达到质量规定标准，又与涂膜的功能要求有关。

涂料涂饰物面，其独特的装饰效果，是通过质感、色彩、光泽三方面来显示的。似乎大家都明白这个道理，但在施工中又往往被忽视。

多彩涂料、梦幻涂料、彩绒涂料往往立体感不强，质感不够丰富，最主要的原因，就是没有达到一定的涂料堆集量。

从目前涂饰工程施工情况来看，建筑涂料的用量往往偏低。排除设计用量偏低的原因外，重点应分析涂料生产厂家的产品说明的可信度；二是控制施工单位的包工包料减料行为。油漆工在这方面，应该具备职业道德，身体力行。

如有的生产厂家，片面夸大建筑涂料遮盖力，在水性涂料的说明书中写道每千克可涂刷 $50m^2$。懂行的油漆工就应该立即作出这是虚假的判断。判断的依据：水性涂料的固含量一般为 50%，用实际只有 $500g$ 的固含量，去涂刷 $50m^2$，每平方米只涂刷到 $10g$，成膜质量何从谈起。

以包工包料的减料行为为例：多彩涂料按规定是 $3\sim4m^2/kg$，工程施涂的实际用量为 $7\sim8m^2/kg$，墙面上的彩色微粒要达到丰满、厚实、立体感的效果是不可能的。

施涂用量的偏少，必定影响保护功能。

防水涂料的厚度达不到规定要求，涂膜没有余量支持变形，被拉薄而发生破裂，失去防水作用。

防火涂料的厚度达不到规定要求，阻燃时间缩短，失去防火作用。

油漆工应重点控制施涂用量的偏少，但也不能追求用量越多越好。用量过大不仅造成成本的增加，涂层过厚也容易引起开裂、剥落等现象。

九、溶剂型涂料施涂工艺

溶剂性涂料分为色漆和清漆两种。它们共同具有保护饰面的作用，后者更注重突出纹理的美丽。

（一）木质表面施涂色漆主要工序

木质表面施涂色漆的主要工序见表 9-1。

木质表面施涂色漆的主要工序　　　　　　　　表 9-1

序号	工 序 名 称	普通油漆	中级油漆	高级油漆
1	清扫、起钉子、除油污等	＋	＋	＋
2	铲去脂囊、修补平整	＋	＋	＋
3	磨砂纸	＋	＋	＋
4	节疤处点漆片	＋	＋	＋
5	干性油或带色干性油打底	＋	＋	＋
6	局部刮腻子磨光	＋	＋	＋
7	腻子处涂干性油	＋		
8	第一遍满刮腻子		＋	＋
9	磨光		＋	＋
10	第二遍满刮腻子			＋
11	磨光			＋
12	刷底漆			＋
13	第一遍油漆	＋	＋	＋
14	复补腻子	＋	＋	＋
15	磨光	＋	＋	＋
16	湿布擦净		＋	＋
17	第二遍油漆	＋	＋	＋
18	磨光（高级油漆用水砂纸）		＋	＋
19	湿布擦净		＋	＋
20	第三遍油漆		＋	＋

注：1. 表中"＋"号表示应进行的工序。
　　2. 高级油漆做磨退时，宜用醇酸磁漆涂刷，并根据漆膜厚度增加 1～2 遍油漆和磨退、打砂蜡、打油蜡、擦亮的工序。

根据饰面的标准，色漆施涂按质量的不同要求，分为普通、中级和高级。级差的主要区别为：工序环节的多少，粗、精工艺要求的不同。

（二）木质表面施涂清漆主要工序

木质表面施涂清漆的主要工序见表 9-2。

木质表面施涂清漆的主要工序 表 9-2

序号	工 序 名 称	中级油漆	高级油漆
1	清扫、起钉子、除油污等	＋	＋
2	磨砂纸	＋	＋
3	润粉	＋	＋
4	磨砂纸	＋	＋
5	第一遍满刮腻子	＋	＋
6	磨光	＋	＋
7	第二遍满刮腻子		＋
8	磨光	＋	＋
9	刷油色	＋	＋
10	第一遍油漆	＋	＋
11	拼色	＋	＋
12	复补腻子	＋	＋
13	磨光	＋	＋
14	第二遍油漆	＋	＋
15	磨光	＋	＋
16	第三遍油漆	＋	＋
17	磨水砂纸		＋
18	第四遍油漆		＋
19	磨光		＋
20	第五遍油漆		＋
21	磨退		＋
22	打砂蜡		＋
23	打油蜡		＋
24	擦亮		＋

注：1. 表中"＋"号表示应进行的工序。
2. 高级油漆做磨退时，宜采用醇酸树脂涂料刷涂，并根据涂膜厚度增加1～2遍涂料和磨退、打砂蜡、打油蜡、擦亮工序。

清漆施涂按质量的不同要求，分为中级和高级。

（三）木门窗施涂工艺

1. 色漆施涂
（1）工序及操作工艺

木门窗色漆施涂的操作工艺见表 9-3。

木门窗色漆施涂操作工艺 表 9-3

序号	工序名称	材　料	操作工艺
1	处理基层		清除灰尘，铲除脂囊，用砂纸打磨线角及四口平面，然后在木结和油脂处点涂漆片
2	刷清油	熟桐油：松香水＝1：2.5	按先上后下，先左后右，先难后易的次序涂刷，刷到刷均
3	嵌批腻子	石膏粉：熟桐油：水＝20：7：50	将裂缝、钉孔、边棱残缺处嵌批平整，刮平刮实
4	打磨	1号砂纸	不要磨穿油膜、保护好边角，要磨平、用湿布将浮粉擦净
5	刷铅油	铅油：光油：清油：汽油：煤油＝5：1：0.8：2：1	顺木纹涂刷，线角处不可刷得过厚，厚薄要均匀，涂料稠度以不流淌、不显刷痕、盖底为准
6	嵌补腻子补刷铅油	同工序3用材	同工序3、5
7	打磨	1号砂纸	同工序4
8	装玻璃		
9	刷第二遍铅油		同工序5
10	清洁玻璃打磨	1号或旧砂纸	将玻璃内外擦净。打磨时不要将涂膜磨穿，保护好棱角
11	刷调和漆		调和漆黏度较大，要多刷、多理，涂刷油灰要等油灰有一定强度后进行，并要盖过油灰1～2mm，以起到密封作用

注：如是普级油漆工程，少刷一遍油，不满批腻子。门窗色漆如采用亚光色漆时其最后一遍油漆应刷亚光油漆。

114

（2）操作注意事项

1）严格按照刷涂顺序进行饰面（图 9-1）。

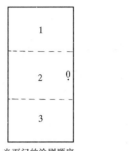

光面门的涂刷顺序

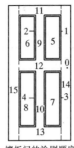

镶板门的涂刷顺序

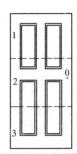

镶板门涂刷快干涂料的涂刷顺序

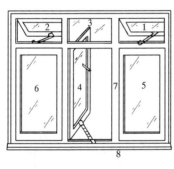

合页窗涂刷顺序

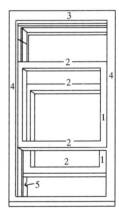

推拉窗的涂刷顺序

图 9-1　门窗刷涂顺序

2）涂刷镶板门的顺序：由里向外，从上向下，先刷门心板和装饰压条。

3）涂刷门冒头时要将与门梃交界处茬口留好，最后涂刷门梃。

4）门窗采用分色色漆饰面，一般外深内浅，先难后易将分色线先刷出，先刷深色后刷浅色。

5）涂刷最后一遍漆前须将门窗玻璃安装好。

2. 清漆施涂

（1）工序及操作工艺

木门窗清漆施涂的操作工艺见表9-4。

木门窗清漆施涂操作工艺　　　　　表9-4

序号	工序名称	材料	操作工艺
1	处理基层		清除表面的灰尘、胶迹、锈斑
2	打磨	1号砂纸	顺木纹将基层打磨光滑，先磨线角后磨四口平面
3	润油粉	大白粉：松香水：熟桐油＝12：8：1及适量颜色（样板色）	用软包蘸油粉在木材表面反复擦涂，将油粉擦进棕眼，然后用麻布或木丝擦净，剔除线角上的余粉
4	打磨	1号砂纸	同工序2，注意保护线角，不要将棕眼内油粉磨掉，磨后应清除浮粉
5	满批腻子	石膏粉：熟桐油：水＝20：7：50及少量颜料	颜色要浅于样板1～2成，腻子油性大小要适度
6	打磨	1号砂纸	同工序2
7	刷油色	铅油：熟桐油：松香水：清油：催干剂及少量颜料（同样板颜色）＝7：1.1：8：1：0.7及少量颜料	顺木纹涂刷，收刷、理油时都要轻快，每个刷面要一次刷好，不留接头，颜色一致，显露木纹
8	刷第一遍清漆	加适量汽油（有利消光、快干）	刷法与刷油色相同
9	打磨	1号或旧砂纸	磨掉表面亮光，擦净浮粉
10	复补腻子	同工序5用材	使用牛角腻子板嵌补、无腻子疤痕，又不损伤漆膜
11	拼色	调制的油色	把异色处部位拼成一色，补绘木纹
12	打磨	0号砂纸	轻磨
13	安装玻璃		
14	刷第二遍清漆		多刷多理，光亮均匀
15	刷第三遍清漆		涂刷前应打磨消光，不漏刷

注：如木门窗采用亚光清漆涂饰，则最后一道清漆需刷亚光清漆。

116

木门窗清漆施涂操作工艺与施涂色漆大致相同。

（2）操作注意事项

1）腻子中的加色宜与清油颜色一致。物面上有棕眼的必须嵌满嵌实腻子。腻子干后，应磨净。否则，上清漆后显露痕迹。

2）刷油色时，相邻刷面的交接线（角线）不得沾油。

3）清漆刷涂一般不能少于五遍。高级油漆要刷涂六遍以上。前后两遍清漆刷涂，前遍稠度要低于后遍，可在清漆中加入松香水稀释。

4）刷涂硝基漆、聚氨酯漆和聚酯类漆适于水磨，打磨头遍漆面要全部磨掉光亮，使第二道清漆刷涂后漆面光亮丰满。

3. 旧木门窗施涂

旧木门窗刷涂，按使用的涂膜性质不同分为色漆和清漆两种。其操作工艺分别与前面提到的色漆、清漆门窗施涂相同。

操作注意事项：

（1）首先检查旧膜的质量，对变松、发黏、起翘、起泡部位应予以清除。如整面旧膜风化褪色变黑，应完全清除；如旧膜仅是失去光泽和产生轻微的粉化，不需清除，只要进行打磨就可以了。清除方法可视旧涂面质况和旧膜面积的大小灵活选用。如采用脱漆剂清除，应用酒精擦洗被脱漆剂除净的木门窗表面部位，清除脱漆剂的蜡质，保证腻子与涂膜的粘结。

（2）嵌批的腻子

清除干净后，用石膏油腻子根据清色或混色要求进行嵌批。被清除旧膜的部位用腻子嵌平，嵌补疤要小，腻子要接近于基层色。对于色漆施涂，在嵌批腻子时，颜色要求不太严格，腻子嵌补完后待其干燥，用1号砂纸打磨。

（3）施涂底漆与面漆

对于清漆应对异色部位先进行水色或油色的拼色及修色，干燥后补刷一遍稀释的清漆。

对于色漆，可直接在腻子疤及被砂纸磨损的部位补刷经配色的铅油。待补刷的涂膜干燥后，最后进行面漆的施涂。

（四）顶棚施涂工艺

顶棚面施涂用料有色漆和清漆两种。色、清漆施涂的操作工艺分别见表 9-3～表 9-4。

刷涂色漆一般按普通级工序施工，不需要满刮腻子。

刷涂清漆一般按中级工序施工，需要满刮腻子。

各种内墙涂料都可作为顶棚涂料。目前，市场上有被名命"顶棚涂料"的专用涂料，具有特别的装饰效果。适用于混凝土及抹灰层普通级、中级室内顶棚的涂饰。该涂料容量轻、质感丰富、粘结力强。砂壁状涂层，具有良好的吸声、防结露、隔热、阻燃性能。基层面不需嵌批腻子、磨平，工效高。

操作注意事项（木质顶棚）：

（1）用于固定顶棚板面螺钉或铁钉，应进行深陷面层 0.5～1.5mm 处理。

（2）施涂色漆嵌批不采用油性腻子，但对钉疤要进行防锈处理。

（3）采用排笔刷涂清油，蘸油量以排笔蘸油不下滴为度。顺木纹方向刷涂。顶棚如有线角、压条等装饰边应一并刷涂。

（4）顶棚除平面外，对几何形及漏孔形等形状的饰面，满批时要区别对待，大面积的平面宜用较稀的腻子，可利用收刮下来变稠的腻子嵌填凹槽及拼缝。漏孔洞不能填闭，以利吸声。

（5）在几何形状的顶棚刷涂色漆，要分块进行。对于无木纹的顶棚，按主光方向刷涂。

（6）刷涂面漆，刷涂搭接处要求与上遍刷铅油留下的搭接处错开。对于有分色要求的顶棚，分色线要清晰。

（7）顶棚为整个平面，用色漆刷涂，板材接缝处要用 50mm 的纱布展铺，用白胶粘贴。粘贴纱布应在接缝处嵌补腻子之后，在满批腻子之前。

（五）金属面色漆施涂工艺

在建筑工程中，金属面色漆的刷涂一般指钢门窗、钢屋架、铁栏杆及镀锌铁皮制件等。

在金属面刷涂色漆主要是预防腐蚀，还有一定的装饰作用。后者已经引起人们的重视，装饰的作用在逐年提升。国内许多建筑将室内外的金属构件饰以不同的色彩，引人注目，表现出一种动感。

涂饰金属面的操作方法与涂饰其他基层面大致相同。

金属表面施涂色漆的主要工序见表9-5。

金属表面施涂色漆的主要工序 表 9-5

序号	工序名称	普通油漆	中级油漆	高级油漆
1	除锈、清扫、磨砂纸	+	+	+
2	刷涂防锈漆	+	+	+
3	局部刮腻子	+	+	+
4	打磨	+	+	+
5	第一遍刮腻子		+	+
6	打磨		+	+
7	第二遍刮腻子			+
8	打磨			+
9	第一遍刷漆	+	+	+
10	复补腻子		+	+
11	打磨		+	+
12	第二遍刷漆	+	+	+
13	打磨		+	+
14	湿布擦净		+	+
15	第三遍刷漆		+	+
16	打磨（用水砂纸）			+
17	湿布擦净			+
18	第四遍刷漆			+

注：1. 薄钢板屋面、檐沟、水落管、泛水等施涂油漆，可不刮腻子。施涂防锈漆不得少于两遍。

2. 高级油漆磨退时，应用醇酸树脂漆施涂，并根据涂膜厚度增加1～3遍涂刷和磨退、打砂蜡、打油蜡、擦亮的工序。

3. 金属构件和半成品安装前，应检查防锈漆有无损坏，损坏处应补刷。

4. 钢结构施涂油漆，应符合《钢结构工程施工及验收规范》的有关规定。

1. 钢门窗施涂

（1）工序及操作工艺

钢门窗普通级、中级色漆施涂操作工艺见表 9-6。

钢门窗色漆涂饰操作工艺   表 9-6

序号	工序名称	材　料	操　作　工　艺
1	处理基层		清除表面锈蚀、灰尘、油污、灰浆等污物，有条件亦采用喷砂法
2	施涂防锈漆	防锈漆	施涂工具的选用视物面大小而定。掌握适当的刷涂厚度，涂层厚度应一致
3	嵌批腻子	石膏粉：熟桐油 ＝4：1 或醇酸腻子：底漆：水 ＝ 10：7：45	将砂眼、凹坑、缺棱、拼缝等处嵌补平整，腻子稠度适宜
4	打磨	1 号砂纸	腻子干透后进行打磨，然后用湿布将浮粉擦净
5	满批腻子	同工序 3 用材	要刮得薄而均匀，腻子要收干净，平整无飞刺
6	打磨	1 号砂纸	腻子干后打磨，注意保护棱角，表面光滑平整、线角平直
7	刷第一遍油漆	铅油或醇酸无光调和漆	操作方法与用色漆施涂木门窗同
8	复补腻子	同工序 3 用材	对仍有缺陷处批平
9	打磨	1 号砂纸	同工序 4
10	装玻璃		
11	刷第二遍油	铅油	同工序 7
12	清洁玻璃打磨	1 号砂纸或旧砂纸	将玻璃内外擦净，不要将漆膜磨穿
13	刷最后一道漆	调和漆	多刷、多理、涂刷均匀。涂刷油灰部位时应盖过油灰 1～2mm 以利于封闭，涂刷完毕后应将门窗固定好

注：普级油漆工程少刷一遍漆，不满批腻子。

120

钢屋架刷涂操作工艺与表 9-6 大致相同。

（2）操作注意事项

1）刷涂防锈漆保持适量的厚度。红丹防锈漆取 0.15～0.23mm，铁红防锈漆取 0.05～0.15mm。

2）防锈漆干后（约 24h），用石膏油腻子嵌补拼接不平处。嵌补面积较大时，可在腻子中加入适量厚漆或红丹粉，提高腻子干硬性。

3）为使金属面油漆有较好的附着力，宜在防锈漆上涂刷一层磷化底漆。

磷化底漆配制比例为底漆：磷化液＝4：1（磷化液用量不能增减），混合均匀。

磷化液的配比：工业磷酸：氧化锌：丁醇：酒精：清水＝70：5：5：10：10。

刷涂磷化底漆以薄为宜。

2. 镀锌铁皮面施涂

（1）工序及操作工艺

镀锌铁皮面施涂色漆操作工艺见表 9-7。

镀锌铁皮面施涂色漆操作工艺 　　　　　表 9-7

序号	工序名称	材　　料	操　作　工　艺
1	处理基层		用抹布纱头蘸汽油擦去油污 用 3 号铁砂布打磨，用重力、均匀把表面磨毛、磨粗
2	刷磷化底漆一遍		宜用油漆刷涂刷，涂膜宜薄，均匀，不漏刷
3	刷锌黄醇酸底漆一遍		同工序 2
4	嵌批腻子	石膏粉：熟桐油＝4：1（适量掺入锌黄醇底漆）	操作方法与钢门窗嵌批腻子相同
5	打磨	1 号砂纸	用力均匀，不易过大，要磨全磨到，复补刮腻子在打磨后进行
6	刷涂面漆	铝灰醇酸磁漆	深色应刷涂二遍，浅色刷涂三遍，涂膜厚度均匀，颜色一致

（2）操作注意事项

1）调配好的磷化底漆，需存放 30min 经化学反应方后才能使用，否则达不到质量标准。

2）刷涂磷化底漆，天气要干燥。潮湿天气刷涂，涂膜发白，附着力差。

（六）木地板施涂工艺

木地板分为色漆和清漆施涂。

1. 色漆施涂

（1）工序及操作工艺

木地板色漆施涂操作工艺见表9-8。

木地板涂刷色漆操作工艺　　　　表 9-8

序号	工序名称	材　料	操作工艺
1	处理基层	$1\frac{1}{2}$ 号及 1 号砂纸	用铲刀和皮老虎将地板表面及拼缝内的砂灰清除干净，用砂纸顺木纹打磨，最后用 1 号砂纸打磨并除去浮尘
2	刷底油	熟桐油：松香水＝1：2.5	先刷涂踢脚板，阴角处刷齐，由里向外刷涂，留有退出后路，厚薄保持一致
3	嵌补腻子	石膏粉：熟桐油：水＝20：7：50	腻子调配稍稠，将裂缝、拼缝及较大的缺陷处嵌补填实
4	打磨	1 号砂纸	待腻子干硬后将嵌补处磨平、扫净浮尘
5	满批腻子二遍	同工序 3 用材	腻子的油量可增加 20%，水量适当减少，只要稍有塑性即可。批刮时顺批刮方向将腻子倒成一条，用 3″以上大刮板批刮，要尽量收拾干净，以平整为原则

序号	工序名称	材 料	操作工艺
6	打磨	1 号砂纸	腻子干后，将表面打磨平整，扫净浮尘
7	刷第一遍油漆	醇酸调和漆，醇酸磁漆或其他地板漆	顺木纹涂刷，阴角处不得涂刷过厚
8	打磨	1 号砂纸	油干后轻轻打磨，不得将漆膜磨穿
9	复补腻子	有色石膏腻子	将缺陷处复补找平
10	打磨	1 号砂纸	局部打磨
11	补刷油漆	同工序 7 用材	局部补刷调和漆
12	刷第二遍油漆	同上	同工序 7
13	打磨	1 号砂纸	同上
14	刷第三遍油漆	同工序 7 用材	达到颜色光亮一致

（2）操作注意事项

1）涂刷时如面积较大，可由两人以上同时进行操作。刷涂的运行线路，以既方便施工又有利于相互配合，又有退路为原则，如图 9-2 所示。

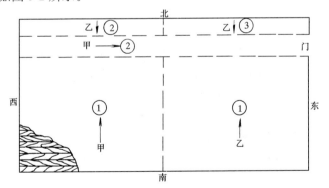

图 9-2　两人施涂地板的操作顺序

2）相邻两人刷涂的结合处，刷具不要挤压过重，以防涂层堆积。

123

3）每次蘸油量与施涂面积力求一致，以免涂层厚薄不均。

4）施涂完毕后，保护好涂层，让其自然通风干燥。

2. 清漆施涂

木地板清漆施涂，以硬木面为多。以达到木纹清晰，光亮、平滑、丰满、文雅、秀气的装饰效果。对涂料的品质要求，必须有良好的附着力、耐磨性及透明度。

刷涂清漆地板的工序及操作工艺与刷涂色漆地板大致相同。

不同点：采用的涂料品种不同，工序多一些，工艺精细一些。

施涂地板，应选用水晶地板漆，其耐磨性优于酸氨酯清漆。

操作注意事项：

施涂底油应根据材质与样板要求选择适合的底油。底油的配制：熟桐油∶松香水＝1∶2～2.5 或虫胶片∶酒精＝1∶6，另可少许加些颜料。

满批石膏油腻子可加色，一次调成，不必先敷，采用直接刮净的方式推压腻子后退。

打磨后，用较稠的同色腻子再次对存在的缺陷进行复补。复补时力求补疤小、饱满、四周清洁、颜色一致。

对木纹节眼存在的缺陷要进行补色和修色处理。

刷涂清漆遍与遍之间的时间间隔不宜过长，以利于涂膜结合紧密（常温下酚醛清漆干燥时间为 24h，虫胶清漆为 3h）。

清漆罩面可以根据要求适当增加刷涂遍数。

多人刷涂要一气呵成，避免中途停刷产生接痕。

3. 虫胶漆打蜡

施涂虫胶漆打蜡工序和操作工艺与清漆施涂大致相同。

操作要点及注意事项：

施涂第一遍虫胶漆稠度偏稀，可加色。如刷涂颜色不一致，用稀虫胶漆与颜料配成酒色，进行拼色、修色。

施涂 2～4 遍虫胶漆，虫胶漆配合比：虫胶∶酒精＝1∶4～6。大面积施涂，刷涂间距为 1.2～1.5m。每遍漆干后，用细旧木砂纸包木块打磨。

最后一遍虫胶漆干后，用软包蘸少量稀释虫胶清漆顺木纹方向来回轻轻擦涂。待干燥后，即可上蜡打蜡。

上蜡打蜡：将光蜡包在软包里满揩，涂擦宜薄，待稍干后，用净布反复涂擦，使之出光。

（七）抹灰面色漆施涂工艺

在抹灰面层上施涂色漆，一般常用铅油、调和漆。

1. 工序及操作工艺

基层处理→清油打底→嵌批腻子→打磨→清油打底→施涂二遍铅油→施涂面漆。

2. 操作注意事项

（1）重视清油打底。清油打底可增强腻子与基层的附着力，阻断了抹灰面吸水，使腻子容易均匀批刮。

（2）用水石膏把抹灰面存在的洞眼、缝隙嵌实，待干后再用油性腻子进一步在缺陷处嵌批平整。如需多次嵌补，每次腻子厚度不宜超过 5mm，最后收刮干净。

（3）满批腻子，力求平整光洁、四角方正、线角顺直，处处批满。一般满批三遍，每遍不宜太厚。

（4）打磨用力要轻，磨到平整光滑为止。

（5）施涂第二遍铅油前，应再次对基层面遗留下的缺陷，用油性腻子补嵌干燥后，轻轻打磨。

（6）施涂面漆，施涂深色漆三遍成活，浅色漆四遍成活。施涂面漆的厚度在 0.2～0.4mm 之间，注意厚薄均匀，保证涂膜光泽丰满。

（7）施涂工具的选用：面漆选用半新漆刷，选用的漆刷宜在 3″～4″ 之间。

（八）其他施涂工艺

1. 聚氨酯彩色涂料刷亮与磨退

聚氨酯彩色涂料，是近年来在施涂工程中应用的一种高级涂料。涂膜坚硬、亮泽、附着力强、耐水、防潮、防霉、耐油、耐酸碱，多被用于室内木制品和家具的施涂。

（1）工序及操作工艺

基层处理→施涂底油→嵌批石膏油腻子二遍及打磨→施涂第一遍聚氨酯涂料及打磨→复补聚氨酯涂料腻子及打磨→施涂第二、三遍聚氨酯涂料→打磨→施涂第四、五遍聚氨酯（刷亮工艺罩面漆）→磨光→施涂第六、七遍聚氨酯涂料（磨退工艺罩面漆）→磨退→打蜡、抛光。

（2）操作注意事项

1）基层处理后，可用熟桐油∶松香水＝1∶2.5涂刷底油一遍，刷涂要薄而均匀，不漏刷。

2）待底油干透后嵌批石膏油腻子二遍，嵌批方法同前。

腻子干透后，应用1号或1½号木砂纸打磨。

3）聚氨酯彩色涂料由甲、乙两组分，混合后反应成膜，其中甲组分为固化剂，乙组分为树脂。使用前必须将两组分按比例调配，混合后必须充分搅拌均匀，其配方大约为甲组分∶乙组分＝1∶1，调配时应注意用多少配多少。

施涂工具可用 $2''$～$2\frac{1}{2}''$ 的油漆刷或16管羊毛排笔。施涂顺序：先上后下，先左后右，先难后易，涂刷均匀。干燥后，用1号木砂纸轻轻打磨。

4）表面如还有洞缝等细小缺陷，用聚氨酯涂料腻子复补平整，干透后用1号木砂纸打磨平整。

5）施涂第二、三遍聚氨酯涂料的操作方法及打磨方法同前。

6）彩色聚氨酯涂料除了按规定的配合比，还应根据施工和气候条件适当调整甲乙组分的用量。配制要求成膜快、膜硬，可适量减少乙组分的用量或增加甲组分的用量。但不能过量，否则，会降低涂料的遮盖力，容易出现透底现象。如果要求成膜慢，涂膜柔软性好，可适量增加乙组分的用量或减少甲组分的用量。特别是夏天气候炎热，室内气温超过30℃以上时，成膜快，会出现涂膜外干内不干现象，造成气孔。这时就可适量增加乙组分的用量，使成膜速度减慢。冬天室内气温低，要加快成膜，可适当减少乙组分的用量。

7）待第三遍聚氨酯涂膜干燥后，用280号水砂纸打磨涂膜表面的细小颗粒，使涂膜平整、光滑。

8）施涂第四、五遍聚氨酯涂料的方法与上述基本相同。但要求第五遍聚氨酯最好能在第四遍的涂膜没有完全干透的情况下涂刷，以利于涂膜的相互粘结和涂膜的丰满平整。

9）待第五遍涂膜干透后，用280～320号水砂纸打磨，打磨用力要均匀。

10）涂刷第六、七遍聚氨酯涂料是磨退工艺的最后二遍罩面漆。

11）待罩面漆干透后，用400～500号水砂纸蘸肥皂打磨，磨退掉涂膜表面的光泽，达到平整、光滑、细腻。

12）打蜡、抛光操作方法与聚氨酯清漆的打蜡抛光方法相同。

2. 亚光涂料施涂

亚光涂料大量流行于室内高级木质面装饰。其品种有硝基、树脂等类。是在对施涂其他涂料刷亮与磨退操作工艺的基础上，对磨退工艺的简化。其特点：漆膜丰满，无色透明，硬度高、耐磨。

（1）工序及操作工艺

基层处理→润粉→打磨及施涂底油→打磨、嵌批、复补石膏油腻子→打磨、施涂第一遍树脂清漆→打磨、拼色、修色→施涂第二、三遍树脂清漆、打磨→磨光→施涂第四遍树脂清漆（刷亮罩面漆）→磨光→施涂树脂亚光漆→磨光→打蜡抛光。

（2）操作注意事项

1）施涂亚光涂料待涂膜干后，用旧400号水砂纸磨光后，揩抹干净打蜡抛光。

2）不可省略第二、三道刷涂清漆和打磨，否则，涂膜会不丰满，质感欠佳。

3. 喷漆施涂

喷漆是目前普遍采用的涂料施涂方法之一。它适用于不同的基层物面，对于被涂物面的凹凸、曲折、倾斜、洞缝等复杂部件都能喷涂均匀。对于大面积或大批量施涂，可以大大提高工效。喷漆所得的涂膜光滑平整，涂膜质量高，装饰效果好。

（1）工序及操作工艺

基层处理→喷涂第一遍底漆→嵌批第一、二遍腻子、打磨→喷涂第二遍底漆→嵌批第三遍腻子、打磨→喷涂第三遍底漆、打磨→喷涂二至三遍面漆、打磨→擦砂蜡→上光蜡。

（2）操作注意事项

喷漆的工序与施涂其他涂料基本相同。主要区别：用喷代刷，故重点要掌握基层处理，涂料稀释的调配和喷枪使用技巧。

1）基层处理的方法及工具的选用，可根据基层面状况，灵活掌握。喷漆涂层较薄，故对饰面的品质要求较高。

2）喷涂第一遍的底漆要稀释。在没有粘度计测定的情况下，可根据漆的重量掺入100％的稀释剂，以使底漆能顺利喷出为准。醇酸底漆可用松香水等稀释，硝基纤维底漆要用香蕉水稀释。稀释调匀后要用120目铜丝罗或200目细绢罗过滤。

喷涂时喷枪嘴注意保持与物面的距离，一般喷涂头遍漆时要近些。操作时，喷出锥形漆雾方向应垂直物体表面。采用压枪法喷漆。

3）喷涂第二遍的底漆，配制要稀一些，以增加与腻子的黏结力。

4）喷涂面漆每一次要横喷、直喷各一遍。喷漆也要稀释，第一遍喷漆黏度要小些，以使涂层干燥快，第二、三遍喷漆粘度可大些，使涂层显得丰满。每一遍喷漆干燥后，先用 320 号水砂纸打磨平整并清洗干净，然后用 400 号～500 号水砂纸打磨，使漆面平整，手感光滑。

5）在砂蜡内加入少量煤油，调配成浆糊状，再用干净的棉纱和纱布蘸蜡往漆面上用力摩擦，直到表面光亮一致无极光。然后，用干净棉纱将残余砂蜡揩干净。

6）上光蜡：用棉纱头将光蜡全敷于物面，用绒布擦拭，直到出现闪光为止。此时整个物面色彩鲜艳，精光锃亮。

7）潮湿环境下喷漆可在喷漆内加防潮剂，防潮剂用量一般是涂料内稀释剂的 5％～15％。如喷漆的物面已有发白现象，可用稀释剂加防潮剂薄喷一遍，即可消除发白。

十、水乳型涂料施涂工艺

普通水乳型涂料，应具有装饰性、耐水性、耐碱性和耐候性的特征。常用的刷浆材料有石灰浆、大白浆、可赛银浆等；水溶性有 106、803 涂料和乳液型树脂涂料等。

（一）石灰浆施涂工艺

石灰浆颗粒粗糙，易掉粉、装饰效果差，但货源充足，成本低，调制和施涂简易，维修方便。时至今日，仍被广泛应用于内外墙面、顶棚的饰面。

1. 刷涂石灰浆

（1）工序及操作工艺

石灰浆施涂操作工艺见表 10-1。

施涂石灰浆操作工艺 表 10-1

序号	工序名称	材料	操作工艺
1	基层处理		用铲刀清除基层面上的灰砂、灰尘、浮物等
2	嵌批	纸筋灰或纸筋灰腻子	对较大的孔洞、裂缝用纸筋灰嵌填，对局部不平处批刮腻子，批刮平整光洁
3	刷涂第一遍石灰浆		用 20 管排笔，按顺序刷涂，相接处刷开接通
4	复补腻子	纸筋灰腻子	第一遍石灰浆干透后，用铲刀把饰面上粗糙颗粒刮掉，复补腻子，批刮平整
5	刷涂第二遍石灰浆		刷涂均匀，不能太厚，以防起灰掉粉

（2）操作注意事项

1）如需配色，按色板色配制，第一遍浆颜色可配浅一些，第二、三遍深一些。

2）一般刷涂两遍石灰浆即可。是否需要刷涂第三遍，则根据质量要求和施工现场具体情况决定。

2. 喷涂石灰浆

喷涂适用于对饰面要求不高的建筑物，如厂房的混凝土构件，大板顶棚、砖墙面等大面积基层。

（1）工序及操作工艺

喷涂石灰浆与刷涂石灰浆的工序及操作工艺基本相同，仅是以喷代刷。

（2）操作注意事项

1）喷涂石灰浆需多人操作，施涂前，每人分工明确，各司其职，相互协调。

2）用 80 目铜丝罗过滤石灰浆，以免颗粒杂物堵塞喷头。

3）第一遍喷浆对于混凝土面宜调稠些；对清水砖墙宜调稀些。

4）喷涂顺序：先难后易，先角线后平面。做好遮盖，以免飞溅到其他基层面。

5）喷头距饰面距离宜 40cm 左右。第一遍喷涂要厚。喷浆机的使用及操作要点可参见本书第七、第八有关章节。

（二）大白浆、106、803 涂料施涂工艺

大白浆遮盖力较强，细腻洁白且成本低；106 涂料具有一定的粘结强度和防潮性能，涂膜光滑、干燥快，能配制多种色彩；803 涂料的性能又比 106 涂料强。三者的特性使其得以极广泛地应用于内墙面、顶棚的施涂。

大白浆、106 涂料、803 涂料工序及操作工艺相同。主要区别是选用的涂料品种不同。

1. 工序及操作工艺

基层处理→嵌补腻子→打磨→满批腻子两遍→复补腻子→打磨→刷涂（滚涂）涂料两遍施涂时对基层面无特别严格要求，质量的掌握，按一般普通级薄涂料表面施涂标准即可。

2. 操作注意事项

（1）宜用胶粉腻子嵌批，嵌批时再适量加些石膏粉，把基层面上的麻面、孔洞、裂缝，填平嵌实。干后，打磨。

（2）新墙面，则可直接满批刮腻子；旧墙面或墙表面较疏松，可以先用 108 胶或 801 胶加水稀释后（配合比 1：3）在墙面上刷涂一遍，待干后再批刮腻子。

用橡胶刮板批头遍腻子，第二遍可用钢皮刮板批刮。往返批刮的次数不能太多，否则会将腻子翻起。批刮要用力均匀，腻子一次不能批刮得太厚，厚度一般以不超过 1mm 为宜。

（3）复补腻子，墙面经过满刮腻子后，如局部还存在细小缺陷，应再复补腻子。复补用的腻子要求调拌得细腻、软硬适中。

（4）待腻子干后可用 1 号砂纸打磨平整，清洁表面。

（5）一般涂刷二遍，涂刷工具可用羊毛排笔或滚筒。用排笔涂刷一般墙面时，要求两人或多人同时上下配合，一人在上刷，另一人在下接刷。涂刷要均匀，搭接处要无明显的接槎和刷纹。

排笔涂刷法：墙面刷涂应从左上角开始，排笔以用 20 管为宜。涂刷时先在上部墙面顶端横刷一排笔的宽度，然后自左向右从墙阴角开始向右直刷，一排刷完，再刷一排，依次顺刷。当刷完一个片段，移动梯子，再刷第二片断。这时涂刷下部墙的操作者可随后接着涂刷第一片段的下排，如此交叉，直到完成。上下排刷搭接长度取 50～70mm 左右，接头上下通顺。

要涂刷均匀，色泽一致。为减少涂刷中涂料的滴落，把排笔两端用火烤或用剪刀修剪为小圆角。

辊筒滚涂法：辊筒滚涂适用于表面粗糙的墙面。墙面的滚涂顺序是从上到下，从左到右，滚涂时要先松后紧，以利于涂料慢慢挤出辊筒，均匀地滚涂到墙面上。对于施工要求光洁程度较高的物面必须边滚涂边用排笔理顺。

（6）施涂大白浆要轻刷快刷，浆料配好后不得随意加水，否则影响和易性和粘结强度。

（7）在旧墙面、顶棚施涂大白浆之前，清除基层后可先刷1～2遍用熟猪血和石灰水配成的浆液，以防泛黄、起花。

（三）乳胶漆施涂工艺

以合成乳胶作为成膜物质的涂料统称为乳胶漆。以水代替传统油漆中的溶剂，故安全无毒。

保色性、透气性、耐碱性好，附着力强，施涂方便简易，在建筑涂料中占据非常重要的地位。乳胶漆，大都用于建筑物内外墙的水泥基层上的施涂，故又俗称水泥漆。

适用于乳胶漆施涂的基层：混凝土、抹灰面、石棉水泥板、石膏板、木材等表面。

1. 室内施涂

（1）工序及操作工艺

施涂乳胶类内墙涂料操作工艺见表10-2。

施涂乳胶类内墙涂料操作工艺 表10-2

序号	工序名称	材　料	操作工艺
1	基层处理		用铲刀或砂纸铲除或打磨掉表面灰砂、污迹等杂物
2	刷涂底胶	108胶水：水＝1：3	如旧墙面或墙面基层已疏松，可刷胶一遍；新墙面，一般不用刷胶
3	嵌补腻子	滑石粉：乳胶：纤维素＝5：1：3.5 加适量石膏粉，以增加硬性	将基面较大的孔洞、裂缝嵌实补平，干燥后用0～1号砂纸打磨平整
4	满批腻子二遍	同上（不加石膏粉）	先用橡胶刮板批刮，再用钢皮刮板批刮，刮批收头要干净，接头不留茬。第一遍横批腻子干后打磨平整，再进行第二遍竖向满批。干后打磨
5	刷涂（滚涂2～3遍）	乳胶漆	大面积施涂应多人合作，注意刷涂衔接不留茬、不留刷迹，刷顺刷通厚薄均匀

133

（2）操作注意事项

1）混凝土的含水率不得大于10%。

2）施涂环境温度应在5～35℃之间。

3）施涂时，乳胶漆稠度过稠难以刷匀，可加入适量清水。加水量根据乳胶漆的质量决定，最多加水量不能超过20%。

4）施涂前必须搅拌均匀，乳胶漆有触变性，看起来很稠，一经搅拌稠度变稀。

2. 室外施涂

乳液性外墙涂料又称外墙乳胶漆。其耐水性、耐候性、耐老化性、耐洗刷性、涂膜坚韧性，都高于内墙涂料。分平光和有光两种，平光涂料对基层的平整度的要求没有溶剂型涂料严格。

（1）工序及操作工艺

工序及操作工艺与表10-2大致相同。

（2）操作注意事项

1）满批腻子批平压光干燥之后，打磨平整。在施涂乳胶漆之前，一定要刷一遍封底漆，不得漏刷，以防水泥砂浆抹面层析碱。底漆干透后，目测检查，有无发花泛底现象，如有再刷涂。

2）外墙的平整度直接影响装饰效果，批刮腻子的质量是关键，要平整光滑。

3）施涂前，先做样板，确定色调和涂饰工具，以满足花饰的要求。

4）施涂时要求环境干净，无灰尘。风速在5m/s以上，湿度超过80%，应暂停施涂。

5）目前多采用吊篮和单根吊索在外墙施涂，除注意安全保护外，还应考虑施涂操作方便等具体要求，保证施涂质量。

十一、弹、滚、喷、刷装饰工艺

弹、滚、喷、刷花涂饰，其工序及操作工艺与水乳型涂料施涂无实质性差别，质量要求也大致相当，仅是更注重突出装饰效果。主要是对颜色的选用、色浆的配制、花饰图案形成等装饰工艺的要求有所不同。

（一）彩弹装饰

彩弹装饰，重点是"弹"。通过弹力棒将不同色浆弹射到基层饰面上，显露彩色的弹点。

用作彩色弹点的主要基料有：水泥和聚醋酸乙烯乳胶漆。前者适用于室外饰面；后者主要适用于室内饰面。

两种不同主要基料彩弹浆液配合比见表 11-1、表 11-2。

彩弹浆液配合比（以水泥为主要基料）　　表 11-1

彩弹品种 材料组成 材料名称	外墙蛋黄底深黄面		外墙淡灰底深灰绿面		外墙淡灰底深灰绿面		外墙咖啡底橘黄面	
	涂料	弹点料	涂料	弹点料	涂料	弹点料	涂料	弹点料
白水泥	49.3	64.7	49.3	64	47.5	60.6	45.2	62
108 胶	12.78	16.58	13.52	13.7	14	13.3	13.6	13.4
氧化铁红粉							3.4	2
氧化铁黄粉	1.32	2.02						2
氧化铁黑粉			0.74	0.5			1.6	
氧化铬绿粉			0.74	3.2	2	6.1		

彩弹品种	外墙蛋黄底深黄面		外墙淡灰底深灰绿面		外墙淡灰绿底深灰绿面		外墙咖啡底橘黄面	
材料名称 \ 材料组成	涂料	弹点料	涂料	弹点料	涂料	弹点料	涂料	弹点料
清　水	36.6	16.7	35.7	18.6	36.5	20	36.2	20.6
合　计	100	100	100	100	100	100	100	100
每平方米刷涂料二遍用量(kg)	0.8		0.8		0.8		0.8	
每平方米弹点用量（kg）		1.3		1.3		1.3		1.3

注：以上系温度在 20±5℃时操作的用料配方和材料用量。

彩弹浆液配合比（以乳胶漆为主要基料）　表 11-2

彩弹品种	内外墙象牙底可可面			内外墙可可底白色面			内外墙天蓝底深可可面		
材料名称 \ 材料组成	腻子	涂料	弹点料	腻子	涂料	弹点料	腻子	涂料	弹点料
白孔胶漆		89.8	40		79	40		93.5	40
乳液	3.1		3	3.1		3	3.1		3
108 胶	5.1		6	5.1		6	5.1		6
纤维素	1.0			1.0			1.0		
大白粉	71.4		37	71.4		32	71.4		38
氧化铁红粉			1.35		1.8				1
氧化铁黑粉		0.2	1.35		3.2				1.35
立德粉					8				
黑色浆									0.05
蓝色浆								0.15	
黄色浆	1								
大红色浆									
清水	19.4	9.9	11.3	19.4	16	11	19.4	6.35	10.6
合计	100	100	100	100	100	100	100	100	
每平方米刷色浆二遍用量（kg）		0.25			0.25			0.25	
每平方米弹点用量（kg）			0.48			0.48			0.48

彩弹品种 材料组成 材料名称	内外墙奶油底深驼灰面			内外墙白色底淡紫色面			内外墙白色底茄子色面		
	腻子	涂料	弹点料	腻子	涂料	弹点料	腻子	涂料	弹点料
白乳胶漆		87.2	40		90	39.7		90	41
乳液	3.1		3	3.1		3	3.1		3
108胶	5.1		6	5.0		6	5.0		17
纤维素	1.0			1.0			1.0		37
大白粉	71.4		36	71.4		39.7	71.4		
氧化铁红粉			2						
氧化铁黑粉		0.24	2						
立德粉									
黑色浆			0.15						0.1
蓝色浆						0.25			0.25
黄色浆									
大红色浆						0.5			0.6
清水	19.4	12.56	10.85	19.5	10	10.85	19.5	10	1.05
合计	100	100	100	100	100	100	100	100	100
每平方米刷色浆二遍用量（kg）		0.25			0.25			0.25	
每平方米弹点用量（kg）			0.48			0.48			0.48

1. 工序及操作工艺

（以水泥为主要基料）基层处理→嵌批→打磨→涂深色浆二遍→弹花点→压花纹→防水涂料罩面

（以聚醋酸乙烯乳胶漆为主要基料的饰面，打磨后改用乳胶漆施涂二遍。因为主要适用于室内，可省去防水涂料罩面。）

2. 操作注意事项

（1）彩弹配制的色浆，要用 80 目铜丝罗过滤，在 2h 内用完（刷涂乳胶漆，时间上没有严格要求）。涂膜厚薄应均匀一致，正视无明显接茬。

（2）弹花点之前，注意遮盖不弹部位。弹料口与饰面应垂直，距离一致，弹点速度要相等。

（3）待弹点稍干后，就可用钢皮批板压花纹。批板直刮，不占色浆或胶漆。压花要用力均匀。

（4）水泥基料弹涂装饰完毕后，宜选用彩色防水涂料罩面。

（二）彩弹与滚花组合装饰

彩弹与滚花组合是把两种饰面装饰效果，融为一体，比单一装饰效果更佳，主要用于室内基层饰面。

主要基料：聚醋酸乙烯乳胶漆和 106 涂料。共同特点：色泽鲜艳。不同点：后者不具备耐水性和耐候性，成本低，用于普通装饰。

1. 工序及操作工艺

工序及操作工艺同前。如是彩弹与滚花组合，在压花纹施工后，增加滚花工序；如果采用单一滚花，可省去弹花点、压花纹两道工序。

2. 操作注意事项

（1）滚花操作时，应从左到右、从上往下，滚停位置要保持在同一花纹点上。握滚平衡、一滚到底。必要时可预先弹好垂直线作为基准再滚。为保持花纹和色泽的一致，在同一视线下，以同一人操作为宜。

（2）进行底层嵌批、涂刷和面层弹涂、滚花时，一定要使用同类配套材料。

（3）弹滚前要遮盖好分界线。

（4）弹花点不宜过厚，以免影响滚花清晰。

（5）操作完毕后，每一种色料均要保留一些，以备修补之用。

（三）喷花、刷花装饰

喷花、刷花是通过做好的镂空套板，在饰面上形成花纹图案的一种施涂方法。用喷枪代替手工刷花已成为趋势。目前，流行在同一种图案上喷涂多种彩色涂料，装饰效果更加自然真实。

喷花、刷花可用于室内装饰和广告制作。

1. 工序及操作工艺

花纹图案套板制作→基层处理→施涂底漆→喷、刷花纹图案。

操作工艺：

（1）套板制作：简单花样的套板，可用硬纸板正反两面施涂两遍漆片或施涂一遍清油，晾干压平。然后按设计要求，把花纹图案复印在硬纸板上，镂空，即成简单的纸套板。丝绢套板的制作方法有很多种，最简单的是在丝绢上刷稀胶，用漆片或清喷漆描出花纹图样，正反两面都要描，干后再去胶水，即成套板。用马口铁皮制作套板，方法同纸板制作。如果喷、刷彩色图案，则要根据图案色彩制作多色套板，即不同的颜色制作不同的套板，并在套板上留 2～3 个小孔，使不同的套板能固定在相同的位置上，这样便能控制彩色图案经多次喷、刷后，花纹图样依旧吻合。

（2）喷、刷花纹图样，待底漆干后即可喷花。把根据设计制作的套板，固定在需要喷花的物面上，用喷漆枪喷涂。喷花时，喷枪要垂直于物面。喷枪的气压一般控制在 0.3～0.4MPa，喷距掌握在 20～25cm 之间，喷涂时最好一枪盖过不重复。如是多彩花纹图案，则要分几次喷涂，每次喷好后要待涂膜干结，才能喷涂另一种色彩。刷花是以刷代喷，效果没有喷花好。

2. 操作注意事项

（1）喷花时喷枪气压大小要控制适宜。

（2）揭、换套板，动作要轻、要快。

（3）喷花、刷花采用的底漆要根据设计要求选用。

十二、美术涂饰工艺

传统意义上油漆施涂，实用是第一位的。而后来表现出来的欣赏价值，是油漆的"装饰绘画"。

美术涂饰起初是以线条和图案为主的。后来发展到如仿石纹、仿木纹。其中有些传统工艺有可能被新技术、新工艺所取代。但是，作为油漆工还是应该多少知道一些这方面的知识，

掌握一些诸如划线、喷花、漏花、做石纹、做木纹等技法。

（一）划　　线

划线又称为起线。主要通过划线，把两种颜色的涂饰面清晰地分开，创造出视觉上的动感。如为塑造建筑物的形态美，在外墙面上饰以横的或竖的色带。把这种工艺引入室内，仅是条带由宽变细了，就是常说的"线"，如墙顶分色线、墙面分色线、墙裙高度线等。

1. 工序及操作工艺

确立划线位置尺寸→弹线（用粉线袋）→划线（油线、粉线）

（1）起始划线高度的确定：踢脚线以地面为准；墙裙线以水平为准；墙顶线以顶棚高度为准。划线要考虑到人们的视觉习惯。

（2）先划粉线后划油线。刷浆分色线只弹粉线即可。划油线需先弹粉线，然后利用直尺划出油线。划线应该根据线的宽度，用划线笔一次或多次划成。

2. 操作注意事项

（1）划油线要在饰面涂料干燥后进行。划线涂料宜稠一些，能完全盖底。一般均为一次成活。

（2）线条宽窄一致，横平竖直，连接通顺，不留接痕。

（二）喷花、漏花

喷花、漏花的工序及操作工艺可参见本书（第十一章（三）下）喷花、刷花的有关内容。为了使喷花、漏花的饰面位置准确，在施涂前，要作出基准线，以此作为喷花、漏花的标准位置。

（三）仿石纹

仿石纹涂饰，一般以仿大理石石纹为主。

1. 工序及操作工艺

施涂底层→划底线→点、刷石纹（或喷漆）→划线→打磨→施涂面层涂料

（1）在基层处理完毕后（以仿制白色大理石石纹为例），刷涂（或喷涂）白色涂料，涂层要薄而均匀。

（2）根据设计所定的仿石块尺寸，在白色涂层上画出底线，仿拼缝。

（3）在底层涂料基层上，刷一道延展性好的与大理石样板主色调相似的调色漆。不等其干燥，用灰色调和漆进行随意施涂后，即用油刷来回轻轻浮飘，刷成黑白纹理交错的仿石纹。

（4）在仿石纹涂膜干透后进行划线，在原底线处划出宽窄相宜的石块拼缝。

（5）干透后，用400号水砂纸打磨，掸净灰尘。

（6）刷涂罩面清漆。

仿石纹如用喷涂法、笔绘法仅是工艺略有不同。

2. 操作注意事项

（1）摹仿大理石要特别注意基层面的平整和光洁度。

（2）颜色的调配力求自然、和谐、逼真。

（四）仿 木 纹

仿木纹的工序与仿石纹相同。注意在基层面上先刷涂浅色油漆（颜色与木材面色相同），待干燥后，刷一道深木材色油漆，即用钢耙子或钢齿刮出木纹，滚出棕眼，要一次成活。干透后用1号砂纸轻轻打磨平整，掸净灰尘，刷罩面清漆二遍。

仿木纹墙裙如图 12-1 所示。

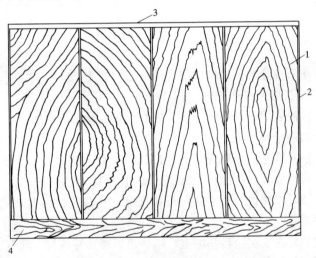

图 12-1 仿木纹墙裙

1—墙裙；2—分隔线；3—台度线（平身线）；4—踢脚线

十三、特种涂料施涂工艺

特种涂料是指能够满足建筑物的特殊要求的涂料，其功能性是主要的。在满足特殊要求的前提下，有些建筑物的内外饰面，如外墙、地下室的内墙、顶棚，民居的卫生间、厨房也应考虑涂饰的装饰效果。特种涂料的品种很多，施涂应严格按照工序、产品说明书和质量要求进行。

（一）防水涂料施涂

防水涂料按其状态和形式大致可分为溶剂型、乳液型、反应型三类。

防水涂料施涂的工序及操作工艺与一般施涂大致相同。但如对基层品质有特殊要求时，在进行处理后，方能施工。

如高弹外墙晴雨漆（代号101、102），具有防水与装饰双重功能。该涂料无毒、无污染、抗老化、耐久性强，适用于高级居住建筑、公共建筑、基础设施等外墙的防水与装饰。

施涂防水涂料一般有如下要求：

基层平整、坚实、清洁；含水率低于10%；抗碱性的要求；施工温度的要求；刷涂遍数的要求；刷涂遍与遍之间时间间隔及最佳用量的要求。

在施涂过程中，能满足上述要求，就能达到质量标准。

（二）防火涂料施涂

防火涂料按饰面的基层可分为钢结构、混凝土、木质饰面等防火涂料，按其涂层厚度可分为厚涂型、薄涂型、超厚型防火涂料。

施涂防火涂料应按不同的基层选择不同的品种。

如超薄型钢结构，应选超薄型以树脂为成膜物质的防火涂料。该涂料具有较好的粘结力，又具有较好的流平性、美观性。

工序及操作工艺：

基层处理→涂刷涂料

清除铁锈、油污，保证涂料与基层的粘结。涂刷涂层的厚度要根据该结构的耐火时间确定。是否需要刷涂（喷涂）底涂料、中涂料、面涂料，可以根据设计要求确定。一般要求底涂料不宜过厚（控制在 1～2mm），涂层与基层之间，各涂层之间应粘结牢固、无脱层、空鼓、无龟裂。使涂层平整又具装饰效果。

饰面型防火涂料集防火性与装饰性于一体。

对室内装潢木质材面的防火涂料，施涂工序及操作工艺等都有共同要求。

（三）防腐涂料施涂

选用建筑防腐涂料，首先要了解腐蚀环境，施涂的基层和部位，涂料的品质等因素。其中，涂料的防腐功能、耐久性是考虑的重点。

如高氯化聚乙烯防腐涂料，适用于受腐蚀气体侵蚀的内外墙的防腐及装饰。

工序及操作工艺

基层处理→涂刷涂料（除特殊情况外，一般不分底漆、面漆）

基层处理：混凝土墙面表面含水率不能大于 6%，如有孔洞、裂缝缺陷，可用 32.5 等级的水泥、108 胶水、稀释拌和成腻子，批刮填平。泛碱墙面要采用底漆刷涂封闭。防腐涂料的涂刷层数和厚度应符合设计规定。

另外，要注意施涂时对温度和湿度的要求。

（四）防霉涂料施涂

防霉涂料按生产工艺的不同分为化学结合法、物理掺入法。我国目前多采用后者生产防霉涂料。防霉涂料的质量主要取决于防霉剂的选择、分散及其颗粒的大小。如采用水包油型防霉涂料刷涂水泥砂浆墙面，色泽均匀，装饰效果好。

工序及操作工艺

基层处理→腻子嵌批→打磨→涂刷涂料

基层处理的要求同前。但还要进行基层的杀菌处理（用7%～10%浓度的磷酸三钠溶液刷涂2～3遍），采用专用防霉胶加水泥调成腻子进行满批，待腻子干燥后，打磨平整，再刷配套涂料封底，最后施涂防霉涂料三遍。

十四、内外墙涂料涂饰工艺

我国进入 20 世纪 80 年代以后，建筑涂料得到了飞跃发展。乙丙乳胶涂料、苯丙乳胶涂料、醋酸乙烯乳液和硅溶胶混合物为基料的内墙涂料，以及无机高分子外墙涂料相继批量生产，并得到了广泛使用。有机树脂系外墙涂料、彩砂外墙涂料、丙烯酸改性环氧外墙涂料也得了同步发展。同时，还将我国丙烯酸类系列的建筑涂料的生产和科研，提高到了一个新的水平。

建筑涂料水性化、功能化是我国建筑涂料的发展方向。涂料的耐久性、涂膜的平滑性、丰满度、装饰性将有更大的提高。

（一）内墙多彩涂料施涂

多彩涂料的特点：一次喷涂，能获得深浅不同层次的多彩花纹图案，色彩丰富，光泽优雅，不仅具有立体质感，还具有耐水、耐油、耐洗刷的优越性能。

对室内各种不同的基层都具有适应性，施工简便，工效高，更受油漆工青睐。

1. 工序及操作工艺

标准施涂工序（混凝土、抹灰面、石棉水泥板基层）：

基层处理→嵌批→打磨→底涂（1～2 遍）→中涂（1～2 遍）→面涂

浮雕型施涂工序：

基层处理→嵌批→打磨→底涂（1～2 遍）→纹理施涂→中涂（1～2 遍）→面涂

（1）基层处理的方法见表 14-1。

146

| | | 基层处理的方法 | 表 14-1 |

基层处理	a. 混凝土、抹灰面	嵌填表面缺陷后，满批腻子 2～3 遍，待干燥后，用砂纸打磨平整，除去浮尘，石膏抹灰，需待 pH 值降至 8.5 左右进行
	b. 无纸石膏板、石棉水泥板基层	先涂刷一遍溶液剂型底漆，防板面吸水，板缝批嵌平整，用白胶、麻布粘贴板缝，满批腻子 1～2 遍，打磨平整，除去浮尘
	c. 木材板基层	刷一遍虫胶漆封闭板面，防止油脂析出，满批腻子，打磨平整，涂刷厚白漆 1～2 遍
	d. 纤维板、三夹板基层	板缝处理同 b，其他处理同 c
	e. 金属基层	除锈、涂刷防锈漆，有凹陷处嵌补腻子，打磨平整

（2）底涂：可采用刷涂、辊涂、喷涂将基层面封闭以抗碱。二涂与一涂间隔为 2h。

（3）中涂：待底涂干燥后，进行涂刷，以增强附着力和遮盖力。二涂与一涂间隔时间为 4～6h。

（4）面涂：喷枪压力稳定保持在 0.2～0.3MPa 之间，喷距保持在 30～40cm 之间，以垂直和水平方向交叉喷涂。面涂用料量不能低于规定用量（0.3～0.4kg/m²）。

（5）浮雕形施涂增加纹理施涂工序，涂料采用复层瓷砖形外墙涂料的中涂料。工具应选用斗式喷枪，孔径 4mm，压力 0.2～0.3MPa。

2. 操作注意事项

（1）控制施涂环境温度，冬天和雨天要避免结露引起的涂料下淌和聚点。

（2）面涂完毕后，如局部多彩花纹色泽不均匀，可适当补喷。

（3）注意不施涂面的遮盖。

内墙多彩涂料施涂质量缺陷及防治见表 14-2。

缺　陷	原　因	防　治
流挂	喷涂太厚	①先试喷涂 ②在转角处喷涂要薄
不规则花纹	①喷枪压力不稳 ②喷涂操作不当 ③遮盖率不够	①遵循操作说明 ②遵循操作说明 ③喷涂厚些
光泽不均匀	中涂层吸收面涂不均匀	底涂批嵌过的墙面
呈壳状、剥落	①基层潮湿，强度低 ②水过度稀释中涂料 ③涂料没有充分干燥 ④使用劣质中涂料	①干燥表面，涂饰二遍底涂 ②按合理配比 ③遵循操作说明 ④使用多彩中涂料
屑状脱落	①湿度 ②用水稀释面涂	①暂停施工 ②不稀释
涂膜表面粗糙	涂料用量不足	面涂规定用量每 m² 大于 0.3

涂料参考用量：底涂 $8\sim12\mathrm{m}^2/\mathrm{kg}$；中涂 $4\sim5\mathrm{m}^2/\mathrm{kg}$；面涂 $2.5\sim3\ \mathrm{m}^2/\mathrm{kg}$。

（二）外墙高级喷磁型涂料施涂

高级喷磁型涂料色泽鲜艳、立体感强、耐久性好、施涂的基层适应范围广。涂料是由底、中、面三个涂层复合组成，每层都有其独特的优点。

底层具有封闭性，阻断了基层中碱、盐的析出。良好的渗透性，提高了基层的强度，增强了中层、面层的附着力。不渗色、不吸底的特点，使面层光泽、颜色一致。

中层立体造型，质感丰富，不开裂的特点，既保护了基层又延长了涂料的使用年限。

面层（AC、AE）具有光泽，色彩鲜艳，涂膜饱满的特点。抗沾污，抗老化。

1. 工序及操作工艺

基层处理→底涂→中涂（喷粒子→按压粒子）→面涂

（1）基层处理：应达到坚实、平整、清洁（如有空洞裂缝用腻子嵌补、打磨）。墙面的含水率低于10％，pH值应小于10。

（2）底涂：采用刷、滚、喷方法均可，将底涂涂料满涂基层面，涂刷均匀，不得漏刷。

（3）中涂：用喷涂将搅拌均匀的涂料，按设计要求喷成云纹状、凹凸状花纹后，用抹刀或滚筒，按压中涂凸出部分，形成顶部平整的特殊花纹，也可用辊子滚压出不同花纹。

（4）面涂：应采用滚涂或刷涂。注意色泽均匀，无明显接槎。

2. 操作注意事项

（1）中涂必须采用生产厂家指定的配套材料，不得以水泥浆代替。

（2）中涂颗粒大小要适度，分布要均匀。

外墙高级喷磁型涂料施涂质量缺陷原因及防治见表14-3。

外墙高级喷磁型涂料施涂质量缺陷原因及防治　　表14-3

缺　陷	原　　因	防　　治
涂料絮凝	底层和面涂稀释剂加错	遵循产品说明书
气泡	①基层潮湿，空气湿度高 ②滚筒的毛太长	①选择晴天施工 ②选用短毛滚筒
针孔	刷涂、喷涂操作速度太快	面涂速度慢些
颜色色差	①不是同一批量产品 ②使用前未搅拌均匀 ③膜厚薄不均匀	①同一墙面用同一批产品 ②搅拌均匀 ③涂刷均匀
光泽低	①风力大，加快挥发 ②湿度大 ③稀释剂使用不当 ④涂饰不均匀或涂饰量不足	①暂停施工 ②暂停施工 ③采用规定的稀释剂 ④保证涂料用量，均匀涂饰

缺 陷	原 因	防 治
涂膜脱落	①基层不牢固 ②封闭不够完全	①基层应严格处理及批嵌 ②底漆封闭均匀
开裂	①基层表面强度差 ②中涂层质量差	①基层应坚实，无裂缝 ②中涂应选择配套产品
流挂	面涂在凹陷部位滞留而产生流挂	凹陷部位涂料不能太多

（三）外墙砂壁状涂料施涂

砂壁状外墙涂料又称仿石型、真石型涂料。砂壁状涂料的特点：表现为花岗石形态，庄重美观，耐久性好，施工方便，维修容易。适用于房屋建筑外墙饰面。

1. 工序及操作工艺（仿石型涂料施涂）

基层处理→遮盖保护→用胶带粘贴成块状图形→底涂→一涂→二涂→撕去胶带→三涂→喷防水剂→揭掉遮盖

（1）基层处理应达到坚实、平整、清洁、干燥，孔洞、裂缝处用水泥砂浆填补，墙面不宜过分光滑。

（2）将不需喷涂的部位进行遮盖，将胶带按设计图形粘贴。

（3）底涂：可采用刷、滚、喷方法涂饰，施涂均匀，不漏涂。

（4）一涂：底涂干燥 2h 后，采用喷涂。喷枪口径 5～8mm，压力控制在 0.3～0.6MPa，喷料嘴与饰面距离 40～60cm，用量不得大于 $m^2/1.5kg$。

（5）二涂：喷涂用量控制在 $m^2/2.5～3kg$，在一涂表干 8h 后进行，在实干前撕去粘胶带。

（6）三涂：喷涂用量控制在 $m^2/3.0～3.5kg$，涂与涂之间宜垂直移动喷枪，以增强结合。

（7）喷防水剂：喷涂防水剂。

2. 操作注意事项

（1）施工环境温度不得低于 10℃，否则，涂层会出现裂缝、流挂等现象。

（2）大风或下雨前后严禁施工。

（3）每次喷涂必须连续进行，以免出现接痕。

外墙砂壁状涂料（仿石型）施涂质量缺陷原因及防治见表14-4。

外墙砂壁状涂料（仿石型）施涂质量缺陷原因及防治　表 14-4

缺　陷	原　　因	防　　治
开裂	①基层开裂 ②一次喷涂量太大，涂层太厚 ③基层未分割成块状，仿石型涂层也未分隔成块	①基层应坚实 ②每次喷涂宜薄一些 ③仿石型涂料应做成块状饰面
脱落、损伤	①基层含水率太高 ②外力撞击 ③施工气温过低 ④撕去胶带时用力太大 ⑤外墙底部未做水泥脚线 ⑥施工单位自行选用底漆	①暂停施工 ②涂层注意保护 ③施工气温不得低于 10℃ ④剥离胶带时应小心 ⑤底部应做水泥脚线 ⑥底漆应选用生产厂配套产品
色差	①涂料搅拌不均匀 ②所用涂料批号不同	①搅拌应均匀 ②同一墙面应使用同一批号的涂料

十五、裱 糊 工 艺

裱糊是我国的传统工艺。室内饰面的装饰效果给人创造了舒适的环境。

裱糊与涂料施涂最大的区别：饰面是通过"裱糊"完成的，即采用预制的卷材（壁纸、绸缎）粘贴在基层表面上，达到装饰的效果。

涂料施涂不允许出现刷痕和接槎痕迹，裱糊即表现在搭接和拼接等方面的质量要求。就工艺操作而言，长宽尺寸的计算、裁割、粘贴比施涂精细。

（一）裱 糊 壁 纸

1. 裱糊工序

不同基层裱糊不同材质壁纸的主要工序见表 15-1。

裱糊各类壁纸的主要工序　　　　　　表 15-1

序号	工序名称	抹灰、混凝土面			石膏板面			木质基层		
		普通壁纸	塑料壁纸	玻纤墙布	普通壁纸	塑料壁纸	玻纤墙布	普通壁纸	塑料壁纸	玻纤墙布
1	基层处理	+	+	+	+	+	+	+	+	+
2	接缝处糊条				+	+	+	+	+	+
3	嵌补腻子→打磨				+	+	+	+	+	+
4	满刮腻子→打磨	+	+	+						
5	刷底油	+	+	+						
6	壁纸润湿	+	+		+	+		+	+	

序号	工序名称	抹灰、混凝土面			石膏板面			木质基层		
		普通壁纸	塑料壁纸	玻纤墙布	普通壁纸	塑料壁纸	玻纤墙布	普通壁纸	塑料壁纸	玻纤墙布
7	基层涂刷胶粘剂	＋	＋	＋	＋	＋	＋	＋	＋	＋
8	壁纸涂刷胶粘剂		＋			＋			＋	
9	裱糊	＋	＋	＋	＋	＋	＋	＋	＋	＋
10	擦净挤出胶水	＋	＋	＋	＋	＋	＋	＋	＋	＋
11	清理修整	＋	＋	＋	＋	＋	＋	＋	＋	＋

注：1. 表中"＋"号表示应进行的工序。

2. 不同材料的基层相接处应糊条，石膏板缝要用专用石膏腻子和接缝纸带处理。

3. 处理混凝土和抹灰表面，必需时可增加满刮腻子遍数。

2. 裱糊操作工艺

（1）基层处理。凡具有一定强度、表面平整、洁净，不疏松掉粉的基层都可作裱糊。

基层的处理方法见表15-2。

基层处理方法 表 15-2

序号	基层类型	处 理 方 法						
		确定含水率	刷洗或漂洗	干刮	干磨	钉头补防锈油	填充接缝、钉孔、裂缝	刷胶
1	混凝土	＋	＋	＋	＋			＋
2	泡沫聚苯乙烯	＋					＋	
3	石膏面层	＋		＋	＋		＋	＋
4	石灰面层	＋		＋	＋		＋	＋
5	石膏板	＋				＋	＋	＋
6	加气混凝土板	＋				＋	＋	＋
7	硬质纤维板	＋				＋	＋	＋
8	木质板	＋			＋	＋	＋	＋

注：刷胶（底油）是为了避免基层吸水过快，将涂于基面的胶液迅速吸干，使壁纸来不及裱糊在基层面上。

（2）刷底油要根据粘贴部位和使用环境选择。湿度比较大宜选用清漆和光油；干燥环境下可用稀释的 108 胶水。按顺序刷涂均匀，刷油不宜过厚。

（3）在掌握饰面尺寸的基础上，决定接缝部位、尺寸、条数后进行裁割。裁割要考虑接缝方法，留有搭接宽度。搭接的宽度以不显眼为准。

（4）弹线。一般在墙转角处、门窗洞口处弹线，以保证饰面水平线或垂直线的准确，以保证壁纸粘贴位置的准确。

（5）把裁割好的壁纸进行闷水。闷水方法：或将壁纸放在水槽中浸泡几分钟；或在壁纸背面刷清水一遍，静置几分钟，使壁纸充分胀开。

（6）裱糊。工艺要点如图 15-1～图 15-8 所示。

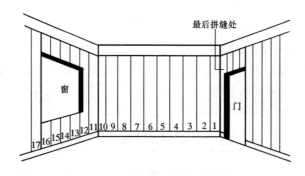

图 15-1　墙面壁纸裱糊顺序示意图

图 15-2　顶棚壁纸裱糊顺序示意图

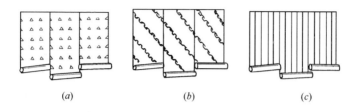

图 15-3　对花的类型示意图

（a）横向排列；（b）斜向排列；（c）不用对花的图案

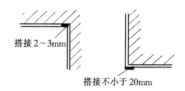

图 15-4　阴阳角裱糊搭接示意图

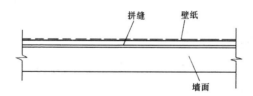

图 15-5　壁纸对口拼缝示意图

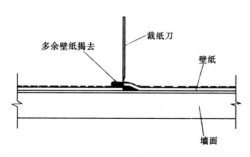

图 15-6　壁纸搭口拼缝示意图

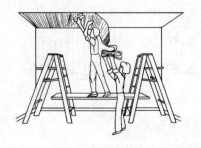
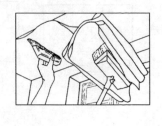

图 15-7　顶棚裱糊示意图

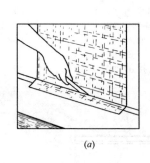
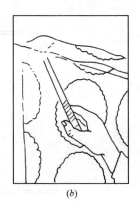

(a)　　　　　　　　　　　(b)

图 15-8　修整示意图

(a) 修齐下端余量；(b) 修齐顶端余量

（二）裱糊玻璃纤维墙布

　　裱糊玻璃纤维墙布工艺与裱糊壁纸工艺大致相同。但裱糊玻璃纤维墙布也要注意不同点：

　　裱糊前不需闷水；粘贴剂宜采用聚酯酸乙烯酯乳胶，以保证粘结强度；对花拼接切忌横拉斜扯。

　　玻璃纤维墙布遮盖力较差，为保证裱糊面层色泽均匀一致，宜在粘贴剂中掺入适量的白色涂料。

（三）裱 糊 绸 缎

绸缎的材质不同于壁纸和玻璃纤维墙布。因其有缩胀率、质软、易受虫咬等特性，故裱糊绸缎除需要遵循一般的常规工序和工艺要求外，必须做一些处理。

选用的绸缎，开幅尺寸要留有缩水余量（一般的缩水率幅宽方向为 0.5%～1%，幅长方向为 1%），如需对花纹图案，须放长一个图案的距离，并要注意单一墙面两边图案的对称性，门窗多角处要计算准确或同时开幅或随贴随开。

将开幅裁好的绸缎浸泡在清水中约 5～10min，取出晾至七八成干，平铺在绒面工作台上，在其背面上浆，把浆液由中间向两边用力压刮，薄而均匀。

待刮浆的绸缎半干后，平铺在工作台上，熨烫平整（熨斗底面与绸缎背面之间要垫一块湿布），方能裱糊，否则，影响装饰效果。或将色细布缩水晾至半干，刮浆后，将其对齐粘贴在绸缎背面，垫上牛皮纸，用滚筒压实（或垫上湿布）后烫平。

上述两种方法可以根据施工条件，任选一种。

绸缎烫平后，裁去边条。

上浆的配合比为面粉：防虫涂料：水＝5：40：20（重量比）。

裱糊后可在面层上涂刷一遍透明防虫涂料。

（四）裱糊金属膜壁纸

裱糊金属膜壁纸的基层表面一定要平整光洁。

裱糊前将金属膜壁纸浸水 1～2min，阴干后，采用专用金属膜壁纸粉胶，在背面刷胶。边刷边将刷过胶的金属膜壁纸卷在圆筒上。

裱糊前再次揩擦干净基层面，对接缝有对花要求的，裱糊从上向下，宜两人配合默契，一人对花拼缝，一人手托壁纸放展。金属膜壁纸接缝处理：可对缝、可搭接。

十六、玻璃裁装工艺

（一）玻 璃 裁 装

1. 玻璃的加工

（1）下料

一般的门窗扇玻璃，可按实测尺寸的大小，缩小裁口宽度的1/4下料。普通门窗可缩小 2～3mm。金属门窗扇用玻璃，按设计和安装要求的配合尺寸的规定下料。

裁割玻璃（玻璃刀口与靠尺之间有间隙），按 2mm 预留。裁边不得有缺口、斜曲，四角无飞刺。

运玻璃刀方法：握刀杆中间，高低适宜，握实拿稳，手腕要直，刀杆贴食指，稍微向后倾，与玻璃面形成 30°～45°夹角。走势平稳，用力适中，听到清晰的"嘶"声，一气划成，如图16-1～图 16-3 所示。

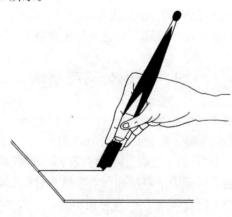

图 16-1　握刀手势

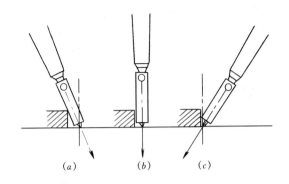

图 16-2　玻璃刀移动方法

(a) 不正确；(b) 正确；(c) 不正确

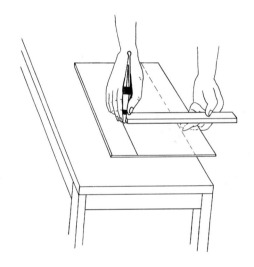

图 16-3　玻璃下料

裁割厚玻璃、压花玻璃、夹丝玻璃在裁割处涂刷煤油一遍。

（2）挖洞

加工大于 20mm 的洞眼，定出圆心，用玻璃刀划出圆圈，从背面轻轻敲出裂纹，在圆内正反面划出相互交叉的直线，敲击出裂痕，取出碎片，用金刚石或油石磨光圆边。

（3）钻孔

加工小于 10mm 的洞孔，定出孔心，将拌有少量煤油的 280～320 目金刚砂点在钻孔处，旋转平头钢钻头，用力轻且均匀，上下移动钻头，边磨边加砂，直至钻通。

（4）开槽

划出槽的长宽墨线，用砂轮正反来回转动滚磨，边磨边加水，直至磨好。

（5）磨边

磨边的方法有两种：手握金刚石或油石来回轻轻磨掉玻璃棱角和边角；或双手握紧玻璃两边，使玻璃边紧贴槽底，来回移动玻璃，磨掉棱角和边角（容器内置清水和 280～320 目金刚砂，容器一般用两端封闭的角钢）。

2. 木门窗玻璃安装

（1）先将裁口内的污物清除，沿裁口均匀嵌填 1.5～3mm 厚的底油灰，把玻璃压至裁口内，推压至油灰均匀略有溢出。

（2）用钉子或木压条固定玻璃。钉距不得大于 300mm，每边不得少于 2 颗。

用油灰固定：再刮油灰（沿裁口填实）→切平→抹成斜坡，如图 16-4 所示。

用木条固定：无需再刮油灰，直接用木压条沿裁口压紧玻璃，如图 16-5 所示。

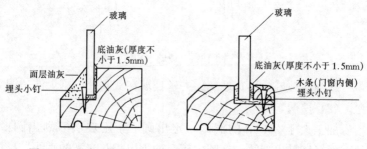

图 16-4　油灰固定　　　　图 16-5　木条固定

3. 钢门窗玻璃安装

钢门窗玻璃安装工序与木门窗玻璃安装大致相同。因门窗的材质不同，故要注意：

（1）检查门窗扇是否平整，有扭曲变形的应予校正，钢丝卡的孔眼是否有遗漏，否则要补钻孔眼。

（2）槽口内涂抹底油灰。高度 2～3mm 为宜。安装玻璃用力一致，挤出油灰即可。

（3）用钢丝卡固定，卡距不得小于 300mm，每边不少于 2个，钢丝卡不得露出油灰表面，如图 16-6 所示。

（4）采用橡皮垫时，将橡皮垫嵌入裁口内，用压条和螺钉固定，如图 16-7 所示。

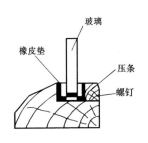

图 16-6　钢丝卡固定

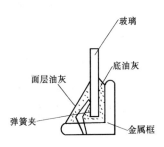

图 16-7　压条和螺钉固定

安装工业厂房窗框、扇玻璃：

一般采用夹丝玻璃。安装时，顺流水方向盖叠，盖叠长度：天窗坡度大于 25%，不小于 30mm；天窗坡度小于 25%，不小于 50mm。盖叠处用钢丝卡固定，在盖叠缝隙处用油灰嵌实。

4. 铝合金门窗玻璃安装

（1）剥离门窗框保护膜纸，安装单块尺寸较小玻璃时可用双手夹住就位；单块尺寸较大时，用吸盘就位。

（2）安装中框玻璃或面积大于 0.65m² 的玻璃，应采用：

安装竖框中的玻璃，先在玻璃竖向两边各搁置一垫块。放搁尺寸位置如图 16-8 所示。

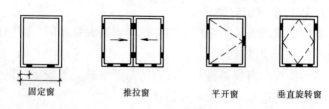

固定窗　　　　　　推拉窗　　　　　　平开窗　　　　　垂直旋转窗

图 16-8　放置垫块

注：垫块放置于玻璃宽度的 1/4 处，且矩边不少于 150mm

（3）玻璃就位后，前后垫实，缝隙一致，镶上压条。玻璃安装后，其边缘与框、扇金属面应留有规定的间隙。

铝合金门窗玻璃最小安装尺寸见表 16-1。

铝合金门窗玻璃最小安装尺寸（mm）　　　　　表 16-1

部位示意	玻璃厚度	前后余隙 (a)	嵌入深度 (b)	边缘余隙 (c)		
单层平板玻璃	3	2.5	8	3		
	5～6	2.5	8	4		
	8～10	3.0	10	5		
	12	3.0	12	5		
	15	5.0	12	8		
中空玻璃	中空玻璃			下边	上边	两侧
	3+A+3	5.0	12	7	6	5
	4+A+4	5.0	13	7	6	5
	5+A+5	5.0	14	7	6	5
	6+A+6	5.0	15	7	6	5

（4）玻璃安装就位后，及时用胶条固定。型材密缝条镶嵌一般有三种做法：

嵌紧橡胶条，在橡胶条上面注入硅酮系列密封胶。

用 10mm 左右长的橡胶块，挤住玻璃，再注入密封胶，注入深度不宜小于 5mm。为保证玻璃安装的牢固和窗扇的密封，在 24h 内不得受震动。

用橡胶压条封缝，表面不再注密封胶。

铝合金门窗玻璃一般嵌固形式如图 16-9～图 16-11 所示。

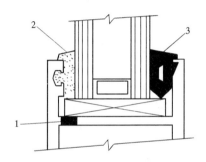

图 16-9 干性材料密封

1—排水孔；2—夹紧的氯丁橡胶垫片；3—严实的楔形垫

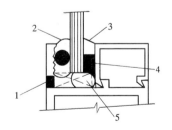

图 16-10 湿性材料密封

1—排水孔；2—预制条；3—盖压条；4—连续式楔条；

5—底条（空气密封）

注：每块玻璃必须有入口直径至少为 6.35mm（1/4in）的排水孔，不能受垫块的影响，位置可变动。

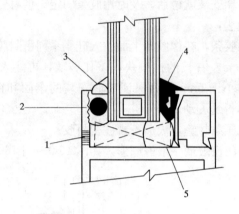

图 16-11　湿/干性材料密封

1—排水孔；2—预制条；3—盖压条（可选的）；

4—密封的楔形垫；5—相容性空气密封

5. 幕墙玻璃安装

玻璃幕墙根据结构框不同，可分为明框、隐框、半隐框。由于其在装饰工程中所处的特殊位置和特性，对玻璃安装及嵌固粘结材料的质量要求极为严格。

对材料的选择除必须符合《玻璃幕墙工程质量检验标准》JGJ/T 139—2001 外，还应符合《幕墙用钢化玻璃与半钢化玻璃》GB 17841—2008、《建筑用硅结构密封胶》GB 16776—2005 国家现行的产品质量标准。

幕墙玻璃安装与铝合金门窗玻璃安装有相同点，也有不同点。

（1）幕墙玻璃最小安装尺寸见表 16-2。

（2）安装隐框和半隐框幕墙时，临时固定玻璃要有一定强度，以避免结构胶尚未固化前，玻璃受震动粘结不牢，影响质量。

（3）玻璃幕墙嵌固玻璃的方法如图 16-12 所示。

幕墙玻璃最小安装尺寸（mm）　　表 16-2

部位示意	玻璃厚度	前后余隙 (a)	嵌入深度 (b)	边缘余隙 (c)	
单层玻璃 单层平板玻璃	5～6	3.5	15	5	
	8～10	4.5	16	5	
	12 以上	5.5	18	5	
				下边	上边侧边
中空玻璃 中空玻璃	4+A+4	5	16	7	5
	5+A+5	5	16	7	5
	6+A+6	5	17	7	5
	8+A+8 以上	6	18	7	5

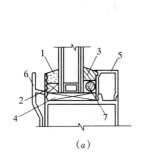
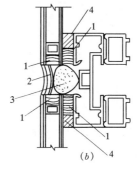

图 16-12　玻璃幕墙玻璃嵌固形式

（a）明框玻璃幕；

1—耐候硅铜密封胶；2—双面胶带；3—橡胶嵌条；4—橡胶支撑块；

5—扣条或压条；6—外侧盖板；7—定位块；

（b）隐框玻璃幕

1—结构硅铜密封胶；2—耐候硅铜密封胶；3—泡沫棒；4—橡胶垫条

6. 镜面玻璃安装

建筑物室内用玻璃或镜面玻璃饰面，可使墙面显得亮丽、大方，还能起到反射景物、扩大空间、丰富环境氛围的装饰效果。

镜面的安装方法：贴、钉、托压。

贴。贴是以胶结材料将镜面贴在基层面上。适用于基层不平或不易整平的一种安装方法。宜采用点粘，使镜面背部与基层面之间存在间隙，利于空气流通和冷凝水的排出。采用双面胶带粘贴，对基层面要有平整光洁的要求，胶带的厚度不能小于 6mm。留有间隙的道理如前所述。

为了防止脱落，镜面底部应加支撑。

钉。是以铁钉、螺钉为固定构件，将镜面固定在基层面上。在安装之前，在裁割好的镜面的边角处钻孔（孔径大于螺钉直径）。用螺钉固定如图 16-13 所示。

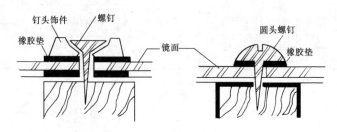

图 16-13　螺钉固定镜面

螺钉不要拧得太紧，待全部镜面固定后，用长靠尺检验平整度，对不平部位，用拧紧或拧松螺钉进行最后调平。最后，对镜面之间的缝隙用玻璃胶嵌填均匀、饱满，嵌胶时注意不要污染镜面。

嵌钉固定，不需对镜面钻孔，按分块弹线位置先把嵌钉钉在木筋（木砖）上，安装镜面用嵌钉把其四个角依次压紧固定。安装顺序：从下向上进行，安装第一排，嵌钉应临时固定，装好第二排后再拧紧嵌钉，如图 16-14 所示。

托压。托压固定主要靠压条和边框将镜面托压在基层面上。

压条固定顺序：从下向上进行。

先用压条压住两镜面接缝处，安装上一层镜面后再固定横向压条。

木质压条，一般要加钉牢固。钉子从镜面隙缝中钉入，在弹线分格时要留出镜面间隙距离。

托压固定安装镜面，如图 16-15 所示。

操作注意事项：

安装时，镜背面不能直接与未刷涂的木质面、

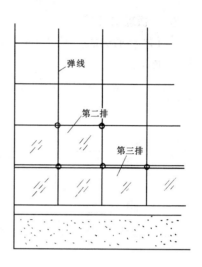

图 16-14　嵌钉固定镜面

混凝土面、抹灰面接触，以免对镜面产生腐蚀。

粘结材料的选用，贴面与被贴面要具有相容性。

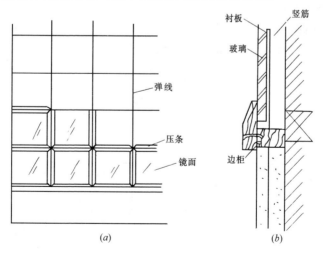

图 16-15　托压固定

（a）镜面固定示意；（b）镜面固定节点示意

7. 栏板玻璃安装

为了增添通透的空间感和取得明净的装饰效果，玻璃栏板的使用已很普遍。

玻璃栏板按安装的形态分为镶嵌式、悬挂式、全玻璃式，如图 16-16～图 16-18 所示。

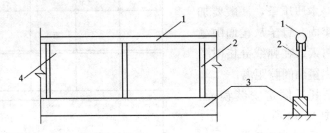

图 16-16　镶嵌式

1—金属扶手；2—金属立柱；3—结构底座；4—玻璃

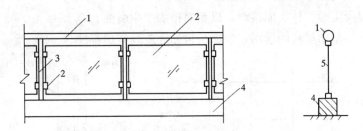

图 16-17　悬挂式

1—金属扶手；2—金属立柱；3—金属夹板；4—结构底座；5—玻璃

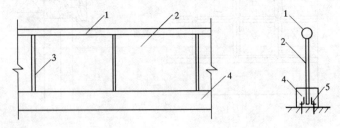

图 16-18　全玻璃式

1—金属扶手；2—玻璃；3—结构硅酮胶；4—结构底座；5—金属嵌固件

安装时注意事项：

（1）必须使用安全玻璃，厚度应符合设计要求。

（2）钢化玻璃、夹层玻璃均应在钢化和夹层成型前裁割，要进行磨边、磨角处理。

（3）立柱安装要保证垂直度和平行度。玻璃与金属夹板之间应放置薄垫层。

（4）镶嵌式与全玻璃式栏板底座和玻璃接缝之间应采用玻璃胶嵌缝处理。

（二）玻璃的运输和保管

1. 玻璃的运输

（1）防雨。运输中要做好防雨措施，以防雨淋，免使玻璃相互粘贴。

（2）防振。运输成箱玻璃，要使箱盖朝上，直立放置。箱与箱之间的间隙应塞填软物或用其他方法连接固定，装卸应轻抬轻放。

（3）防摔。搬运单块玻璃时，要把玻璃垂直紧贴身体，注意风向，减轻阻力。搬运单块厚玻璃宜使用吸盘。

2. 玻璃的贮存

（1）防潮。玻璃贮存环境应保持干燥，通风。玻璃的存放以高于地面 10cm 为宜。

（2）分放。不同规格、等级的玻璃应分别放置。

（3）立放。玻璃严禁平放贮存，箱装玻璃要将箱盖朝上垂直放立；大号规格的玻璃，应单层立放。

（4）检查。对贮存的玻璃要进行定期检查。如发现霉变，应及时用盐酸、酒精或煤油擦洗霉变部位，10h 后再用干布擦拭干净。

十七、传统油漆、古建筑油漆、彩画工艺

（一）传统油漆施涂工艺

传统油漆施涂指的是大漆涂饰。大漆即天然漆。大漆分为生漆和精制漆两种，生漆涂料可以直接刷涂基层表面，因其含水量较大，成膜质量远没有精制漆好。用精制漆施涂饰面，涂膜光滑、坚硬、耐磨。

用大漆施涂基层表面，是我国特有的传统高级涂饰工艺。"特有"有两层含义：一是指大漆是我国著名的特产；二是指施涂工艺独特、细致。

大漆施涂的不足之处：施工周期较长，受到一定湿度和温度的施工环境的限制。

生漆的精制品根据配方及生产工艺的不同，可分为退光漆（推光漆）、广漆、揩漆、漆酚树脂等。

1. 退光漆（推光漆）磨退

在基层面施涂精制漆之前，对基层要进行处理。处理的方法要复杂些，工序要多些。

（1）基层处理

退光漆磨退工艺的基层处理（打底）有三种方法：

1）油灰麻绒打底：嵌批腻子→打磨→褙麻绒→嵌批第二遍腻子→打磨→褙皮纸→打磨→嵌批第三遍腻子→打磨→嵌批第四遍腻子→打磨。

（褙：把布或纸一层一层地粘在一起。）

打底子用料及操作要点：

对基层处理的嵌批腻子配料为：血料：光油：消解石灰＝

1：0.1：1，将洞眼缝隙嵌实批平，再满批。

褙麻绒：用血料加 10％的光油拌均匀后，涂满面层，满铺麻绒，轧实，褙整齐，再满涂血料油浆，渗透均匀后，再用竹制麻荡子拍打抹压，直至密实。

褙云皮纸：在物面上均匀涂刷血料油浆，将云皮纸平整贴于物面，用刷子轻轻刷压。云皮纸接口宜搭接，第一层云皮纸贴好后，再用同样方法，粘贴第二层云皮纸，直至将物面全部封闭完后，再满刷油浆一遍。

工序中有四次批腻子。要点：第二遍批腻子要稠些；第三遍批腻子可根据设计要求的颜色加入颜料，腻子可适量掺熟石膏粉；嵌批第四遍腻子，宜采用（熟漆：熟石膏粉：水＝1：0.8：0.4）熟漆灰腻子，重压刮批。如果气候干燥，应入窨房（地下室），保持相对湿度在 70％～85％之间。

2）油灰褙布打底：工序与上述基本相同，不同处为用夏布替代麻绒和云皮纸。

3）漆灰褙布打底：工序与上述基本相同，不同处是以漆灰代替血料油浆，以漆灰作压布灰。

（2）工序及操作工艺

基层面进行打底之后，可进行退光漆施涂、退磨。施涂、退磨工序及操作工艺见表 17-1。

施涂、退磨工序及操作工艺　　　　　表 17-1

序号	工序名称	用料及操作工艺
1	刷生漆	用漆刷在已打磨、掸净灰尘的物面上薄薄均匀刷涂
2	打磨	用 220 号水砂纸顺木纹打磨一遍磨至光滑，掸净灰尘
3	嵌批第五遍腻子	用生漆腻子满批一遍（生漆：熟石膏粉：细瓦灰：水＝3.6：3.4：7：4），表面应平整光滑
4	打磨	用 320 号水砂纸蘸水打磨至平整光滑，随磨随洗，磨完后用水洗净，如有缺陷应用腻子修补平整
5	上色	用不掉毛的排笔，顺木纹薄薄涂刷一层颜色

序号	工序名称	用料及操作工艺
6	刷第一遍退光漆	用短毛漆刷蘸退光漆于物面上，用力纵横交叉反复推刷，要斜刷横刷、竖理，反复多次，使漆膜均匀。再用刮净余漆的漆刷，顺物面长方向轻理拨直出边，侧面、边角要理掉漆液流坠
7	打磨	用400号水砂纸蘸肥皂水顺木纹打磨，边磨边观察，不能磨穿漆膜，磨至平整光滑，用水洗净，如发现磨穿处应修补，干后补磨
8	刷第二遍退光漆	同第一遍
9	破粒	待二遍退光漆干后，用400号水砂纸蘸肥皂水将露出表面的颗粒磨破，使颗粒内部漆膜干透
10	打磨退光	用600号水砂纸蘸肥皂水精心轻轻短磨，磨到哪里眼看到哪里，观察光泽磨净程度，磨至不见星光。如出现磨穿要重刷退光漆，干燥后再重磨

（3）操作注意事项

1）以上所讲的基层处理及施涂工序仅适用于木质横匾、对联及古建筑中的柱子。

2）从施涂的第一道工序起，应在保持70％～85％湿度的窨房内进行操作。

3）如用漆灰褙布打底，第一遍刷生漆可省去直接嵌批第五遍腻子。

4）上色使用配制的豆腐色浆系嫩豆腐加少量血料和颜料拌和而成，适用于红色或紫色底面，黄色可不上色。

2. 广漆施涂

广漆，有的称明漆、金漆或熟漆。采用优质的生漆经脱水，数次过滤后与坯油混合加工而成。新产品朱合漆等增添了聚合植物油，进一步改善了广漆的性能。

广漆的施涂方法很多，适用施涂的范围也很广。

（1）抄油复漆施涂

其工序在基层处理方面没有退光漆磨退工艺复杂。白坯处理时，将基层表面木刺、油污、胶迹、墨线除净，用木砂纸打磨，掸净灰尘即可。

主要工序：上色油（抄底油）→嵌批腻子、打磨→复补腻子、打磨→上色油（抄油）→上色浆（刷涂豆腐色浆）→打磨→施涂广漆（复漆）。

操作要点：

1）抄底油：用熟桐油＋松香水＋可溶性染料（或各色厚漆），过80目铜丝罗。薄涂均匀。

2）嵌批腻子用熟石膏粉：熟桐油：松香水：水：颜料＝10：7：1：6：适量（重量比），先嵌洞眼，干燥后打磨，再满批，直至基面平整。干燥后顺木纹打磨。

3）施涂广漆（复漆），先边角，后平面；先小面，后大面，用牛尾刷先理好转弯里角，后理好小平面，大号漆刷纵横施涂大面，反复多次推刷，最后用理漆刷顺木纹理通，待干燥。

4）宜在窨房内进行操作及干燥。

（2）抄漆复漆施涂

抄漆复漆施涂的工序及操作要点与抄油复漆施涂大致相同。不同处：

1）嵌批腻子采用有色广漆石膏腻子。配制：广漆：熟石膏粉：水：颜料＝1：0.8：0.3：适量（重量比），复补腻子的颜色与第一遍嵌批用腻子应相同，稠度略稀些。

2）抄漆先抄后理，刷漆厚薄均匀，宜薄。

3）复漆施涂与抄漆相同，复漆用漆略厚些。

3. 红木揩漆

红木制品给人高雅的感受。因其木质致密，多采用生漆揩擦，可获得木纹清晰、光滑细腻、红黑相透的装饰效果。

红木揩漆工艺按木质可分为红木揩漆、香红木揩漆、杂木仿红木揩漆工艺。

红木揩漆工序及操作工艺见表17-2。

红木揩漆工序及操作工艺　　　　　　　　　　　　　　表 17-2

序号	工序名称	用料及操作工艺
1	基层处理	用0号木砂纸仔细打磨，对雕刻花纹的凹凸处及线脚等部位更应仔细打磨
2	嵌批	用生漆石膏腻子满批，对雕刻花纹凹凸处要用牛尾抄漆刷满涂均匀
3	打磨	用0号木砂纸打磨光滑，雕刻花纹也要磨到。掸净灰尘
4	嵌批	同工序2
5	打磨	同工序3
6	揩漆	用牛尾刷将生漆刷涂均匀，再用漆刷反复横竖刷理均匀，小面积、雕刻花纹与线角处要刷到，薄厚一致，最后顺木纹揩擦，理通理顺
7	嵌批	揩漆干后，再满批第三遍生漆腻子，腻子可略稀一些。同工序2
8	打磨	待三遍腻子干燥后，用巧叶干（一种带刺的叶子）打磨，用前将巧叶干浸水泡软，在红木表面来回打磨，直至光滑、细腻为止
9	揩漆及打磨	揩漆工序同6，干后用巧叶干打磨，方法同上。一般要揩漆3～4遍，达到漆膜均匀饱满、光滑细腻，色泽均匀，光泽柔和

注：从揩漆开始，物件要入窨房干燥。

4. 香红木揩漆

香红木采用揩漆饰面，涂饰效果类似红木揩漆。与红木揩漆所不同之处是上色工艺。在满批第一遍生漆石膏腻子干燥打磨后，要刷涂一遍"苏木水"，待干燥后，过水擦干。在揩第一遍生漆并打磨后，再刷涂"品红水"，干燥后，过水擦干。后续的揩漆工序与红木揩漆工序相同。

5. 仿红木揩漆

仿红木揩漆与红木揩漆工序相同。"仿"的关键：在上色方面，仿红木揩漆要上三次色，每次上色后均要满批生漆石膏腻子。第一遍上色为酸性大红，第二遍、第三遍上色为酸性大红加黑粉（适量）。上色是仿红木的重要环节。

（二）古建筑油漆

中国古建筑闻名于世界，古建筑油漆、彩画工艺是世界建筑艺术宝库中罕见的瑰宝。为了发扬光大我国的这一传统工艺，作为油漆工应该了解，并掌握这一技能。为修缮或仿古建筑施展才华。

1. 常用材料

古建筑油漆和彩画常用的材料可分为油漆、颜料、胶料、金箔和辅助材料五大类。

（1）油漆类

常用的油漆材料有大漆、桐油、亚麻仁油、苏籽油。

大漆（生漆）。漆膜有极强的粘结力，坚硬富有光泽。具有优良的耐磨性、耐油性、耐水性、抗蚀性、耐热性。大漆是古建筑油漆的主要材料。

桐油、亚麻仁油、苏籽油都是天然干性植物油。

桐油可以单一用来饰涂基层面。未经熬制的生桐油，是熬制灰油、光油的基料，也是地杖、钻生（刷底油）的主要材料。亚麻仁油涂膜柔韧性好，耐久性优于桐油；耐水、耐光性次于桐油。苏籽油是作为熬制光油的油基原料。

（2）颜料类

古建筑油漆和彩画使用的颜料品种繁多。根据色系分为白色、红色、黄色、青色、绿色、黑色等系。

颜料特殊加工工序和制作方法，使其具有耐久性和耐候性等品质，是其他颜料无法比拟的。

（3）胶料类

古建筑油漆彩画兑大色（用量大的颜料）时，传统的用胶，都是采用天然胶，如骨胶、牛皮胶、桃胶（树胶）、龙须菜、血料等。这些天然胶现在已被聚醋酸乙烯乳液所代替，这是科学技术的进步。

(4) 金箔类

古建筑用金箔饰面，类似"裱糊"壁纸。传统把这种工艺称之为贴金。扫金可以理解为当代的刷涂涂料。

贴金金箔的规格主要有：100mm×100mm、50mm×50mm 95 规格，为赤金色；93.3mm×93.3mm 98 规格，其含金 98%，含银 2%；83.3mm×83.3mm 74 规格，其含金 74%，含银 26%。

赤金、库金为扫金用的纯金粉。

金粉（应称铜金粉）是由铜、锌、铝组成的黄铜合金，经研磨分级，抛光而成的小鳞片粉末状。调入金油和清漆后成为极具光泽的金墨和金漆，用于古建画活涂金。

（金油：在熬好的光油中，加入适量的调合漆，调成黄色的光油。）

贴金箔用胶粘剂，称金胶油。一般系光油加入适量的调和漆调制而成，用于贴金打底。

(5) 辅助材料

用作熬制桐油的催干剂有土子、樟丹（又称黄丹、铅丹）；用作地杖中配油满用的有面粉、石灰水；用作油满血料的填充料有砖瓦灰；用作提高木材的抗裂性能的有麻、麻布（夏布）等。

2. 油漆施涂

古建筑多为木结构，如梁、枋、桁、檩、椽、斗拱、楹柱、门窗、藻井等。为了防腐、防霉，延长建筑物使用寿命，在对其基层面进行刷生桐油或大漆饰面之前，要进行基层处理，传统叫地杖处理。

(1) 地杖处理

1) 处理木材表面。俗称斩砍见木。用小斧垂直于木纹砍出 1

～1.5mm 的深度，砍距为 7～8mm 的斧痕，提高与腻子层的粘结强度。

2）处理裂缝。俗称撕裂。为了使腻子填实裂缝，要对裂缝、死结疤进行清洁处理。如裂缝过大，要用木条嵌实钉牢。为防止裂缝膨胀干缩，还要视裂缝的大小深浅，下长短、粗细不一的竹钉或厚薄不一的竹片。

3）刷底油。俗称汁浆。为清除基层尘污，增加油灰附着力，用油满加血料加水（1：1：20）搅拌均匀的油浆，进行满涂。

4）腻子嵌缝。汁浆后，先对裂缝处嵌填腻子（油灰），后进行满批平整。干透后，用石片、瓦片或粗砂布打磨，掸净浮尘。

5）一麻五灰。第一道工序是满批二遍砖灰（扫荡灰），将木材表面所有细处存在的缺陷处全部找齐、衬平、做圆。干后用石片或瓦片磨平，将麻纤维布贴在扫荡灰上，再做一麻五灰的基层处理。

一麻五灰的工序：开头浆（粘结浆）→粘麻→轧麻→刷二遍粘结浆→整理→磨麻→压麻灰→披中灰→批细灰→刷生桐油。

① 开头浆。用油满血料浆（1：1.2）满涂于扫荡灰表面，刷涂厚度根据披麻的厚度决定，以经压实后，能浸透披麻为度，不宜过厚。

② 轧麻。披完麻后用木压子（麻轧子）先从阴角边沿轧起，后轧大面。轧麻要两人配合，一人将开头浆轧匀，将麻轧倒，一人随后干轧，层层轧实。

③ 刷二遍粘结浆。在麻面满刷油满血料浆，刷涂量以不露麻面为度。趁湿翻虚，检查。如有未浸透处要进行补浆。对多余存浆处，要把余浆挤出。使整个麻面保持湿润，称为"水砸"。

④ 整理。干轧后检查，露底处补麻，复轧存浆挤出，干麻处补浆轧实。凡麻都要收齐，以防吸潮后油漆粉化。

⑤ 磨麻。麻被轧实干燥后，用瓦片、石片（也可用人造磨石）满磨，磨得麻绒浮起，不得漏磨。扫净浮麻。

⑥ 压麻灰。在基层表面批油灰（油满血料浆与砖灰拌和调制而成），先薄刮一遍，使其密实，再满批。刮平刮到，达到平、

圆、直为度。干后打磨、清扫、擦净。

⑦ 批中灰。俗称靠骨灰。用薄钢皮刮板满刮较细的油灰。干后，磨平扫净。

⑧ 批细灰。配制更细的细灰（灰油加少量光油和适量水拌和），用钢皮刮板将秧角、边框、上下围脖、线口全部找齐，再满刮一遍细灰（俗称渗灰）。干后磨至表面平整。

⑨ 刷生桐油（钻生）。用丝头或油刷蘸生桐油，紧跟上道工序随磨随刷。如表面浮油不再渗透，就达到了提高油灰层的强度。干透后，用砂纸磨到磨光。

一麻五灰的工序做完，地杖处理也就完成了。将进入下一道油皮及漆皮工序。

一布四灰、单批灰是对一麻五灰工序的简化，一布四灰主要省去了"批中灰"。单批灰适用于对古建筑油漆的修缮，有些基层面进行单批灰施工，同样可以达到保护和装饰的效果。

单批灰是指不用麻和布的部位对基层的处理方法。

单批灰的做法：共有四道灰、三道灰、二道灰三种。

四道灰施工可用于上梁连檐、瓦口、椽头、山花、博风、挂檐等处。

四道灰的工序：处理基层→刷底油（汁浆）→腻子嵌缝→批粗灰→批中灰→批细灰→刷生桐油（钻生）。

三道灰适用于不受风雨的梁枋、斗拱、椽望等处。比四道灰少批中灰一道工序。

二道灰主要适用水泥构件和水泥抹面的古建筑部位。其工序：批中灰→批细灰→刷生桐油（钻生）。

仿古建筑一般都以钢筋混凝土代替木结构，为增强基层与油漆面层粘结力，也需地杖处理。

工序可适当简化些。

水泥基层胀缩性小，无需披麻，可直接做二道灰。水泥基层不宜光滑，以小麻面为宜，以增强粘结力。地杖处理，要待基层干透，满刷稀释的生桐油（松香水∶生桐油＝3∶1），渗入水泥基层，干燥后打磨，除净灰尘，批中灰二遍。基余工序同前。

（2）清油饰面（油皮饰面）

三道油工序：批细腻子→垫光油→二道油三道油→罩清油。

①批细腻子。用3∶1血料浆加土粉子调成糊状，用钢皮刮板满刮复刮密实，随刮随清理，以防接头不平。

②垫光油。用油刷或丝头蘸本色光油，擦于物面，用漆刷横蹬竖顺，秧角要刷到，油理平。

③二道油三道油。采用配好颜色的光油，满刷基层表面（方法同垫光油）。

④罩清油。采用无色光油（清油）满罩。满罩要避免大风、有雾天气。

3. 古建筑油漆其他做法

（1）云盘线、两柱香线

云盘线、两柱香线是古建筑油漆两种装饰线。似美术油漆的划线。不同处是呈半圆体，凸出物面。云盘线、两柱香线是用专用工具将灰腻子分别挤成云朵形的曲线和平行的两根直线。

挤灰用力要适度、平稳。做直线要用靠尺，做曲线要靠手工。做好后，与基层面一并施涂。

（2）刻、堆字

古建筑常用匾、额、楹联作为装饰。上面的文字有凸出物面，也有凹进物面的。刻字法做阴字，堆子法做阳字。

1）刻字法

地杖做完中灰面层打磨清理后，根据字体的深浅，批一道细灰（渗灰），蘸水刷出痕迹→批细灰→打磨（细磨）→刷生桐油（钻生）→字迹贴面→刻字→清除残纸→修整字迹→在凹处刷生桐油→刮灰浆→满刮细腻子→与三道油做法相同。

2）堆字法

堆字法工艺比刻字法要求高些。

堆字法有两种方法：字体较大，堆灰较厚，在灰堆内加小钉，缠以麻线，按一麻五灰堆出；

字体较小、灰堆较薄，可不加钉、麻，分别用粗灰、细灰、浆灰逐次堆出。灰堆字所用灰头与一麻五灰相同。灰头分粗、中、细灰和浆灰，堆大字粗灰起骨架作用，中灰填充，细灰填砂眼，浆灰起光洁作用。堆小字时可用中灰代替字的骨架。

灰堆字断面呈半圆形，堆灰高度为字体笔画宽度的1/3左右。不使麻的灰堆字，字迹部位要划痕，应增强与粗灰粘结力。堆灰不易做到的笔迹，用刻刀修理刻划，笔迹细瘦，少灰头部位，以细灰、浆灰填补。堆灰表现笔锋断处和枯笔处靠经验处理。

堆字完毕要刷生桐油（钻生）。

3）扫青、扫绿、扫蒙金石

此工序之前，先做字后做底（地）。在字体上涂满稠绿色油，随即将青颜料或绿颜料均匀筛铺在字体上，筛铺厚度以不漏油为准。干后（约24h）用排笔掸去浮颜料即成。扫蒙金石，在扫青或扫绿完成后进行。蒙金石是一种煤琳。扫蒙金石颗粒粗细可根据需要而定，可用25～50孔/cm² 筛子进行筛选。具体做法与扫青、扫绿相同。注意扫蒙金石时不要沾污字体。

（3）贴金

金箔除被用于古建筑装饰外，近年来高级民用建筑也常采用金箔装饰。

贴金。即用金胶油在物面上粘贴金箔。一般做法如下：

1）打金胶。在需要贴金处，刷金油胶（广漆或光油：松香水：氧化铁黄＝3：1：0.2），刷涂宽度要一致，厚薄均匀。彩画贴金宜涂两遍金胶油。

2）贴金。当金胶油快干时，将金箔轻轻贴上，用细软物揉压贴实，金箔要对缝严密，但又不能搭口过多。搭接自上搭下，自右搭左。贴完后扫去搭接浮金（溢出的金胶油）。扫去浮金的顺序与搭接顺序相同。

（4）扫金。扫金是以金粉代替金箔。与贴金比较，无接缝痕迹。一般做法：

1）打金胶。在需扫金处刷金胶油，方法与要求同贴金打金胶。

2) 扫金粉。用小排笔蘸金粉轻轻扫于金胶表面，精扫均匀后，用软物（细绸或棉团）轻揉，使金粉粘结牢固。

贴金、扫金完成后，进行扣油和罩油。扣油：以油枪扣原色油一道。如金线不直，花饰不齐可用色油或色漆细修，古称"齐金"。扣油干后，满刷一遍清油。

民间传统的贴金方法与上述方法的差别：

基层先刷一道加入颜料的嫩豆腐或生血料，用棉花收净。

打金胶称为"做金脚"，用金脚刷或画笔蘸广漆，刷涂贴金部位2～3遍。

贴金后，用细而软的小号毛刷蘸金黄色透明广漆，满刷一道，称为"盖金"。盖金有损光泽，但可延长金箔寿命。

（三）彩　　画

彩画是古代建筑艺术之一。从其的作用来看，更突出装饰性。彩画主要用于古建筑梁、檩、枋、柱、顶棚等一些面积较大的基层面上。

彩画用料：是在油漆和胶料中加入各种颜料拌和而成。彩画的分类标准、式样、风格各异。

因其毕竟是彩画，有其共同基本工序和工艺。

工序及操作工艺如下：

丈量起谱→做彩画地杖→分中（使图案对称）→打谱→沥大小粉→刷底色→包黄胶、打金胶→贴金→拉晕色→拉大粉→压黑老→整修。

（1）丈量起谱。准确尺量绘制彩画部位的长宽的实际尺寸，选用优质牛皮纸配纸（可拼接），图案对称于纸的1/2处，然后"折中"（上下左右对称）。如果是三槌，则要分三槌注明槌别及部位。用炭条在折中的纸上绘出纹样，再用笔墨勾勒，沿勾勒线扎谱后，展开完整图案。大样绘完后用大针扎谱。针孔间距一般取 3mm。如果彩画面积大，应将颜色代号写在谱上一并扎孔。如遇枋心、藻头等画龙纹或不对称的图案时，则要将纸全部展开画。

（2）做彩画地杖。地杖工序同古建筑油漆地杖基本一样。即使设计要求和实际需要不同，也必须做生油地杖。

（3）分中。图案多为对称，以中线为准左右反正使用。将画谱中线对准物面中线，摊开画谱纸，固定于物面上。

（4）打谱。用粉袋循谱子孔拍打，使粉通过针孔附在物面上，显示花纹粉迹。取走谱子，沿粉迹勾画（如担心用错颜色，可在花纹图案间空处注明使用颜色，古人一般用数字代色）。

（5）沥大小粉。将水浆沥于花纹部位上，按粉线宽度分为大粉、二路粉、小粉。大粉粗（5mm左右），小粉细。五大线（箍头线、盒子线、皮条线、岔口线、枋心线）沥大粉，龙凤、云朵沥小粉。双粉条的两线间距应为一线宽（即一个粉条）。先沥大粉，后沥小粉。大粉多为直线，可用直尺操作。大粉在工艺中非常重要，在操作中要小心而准确，沥一条线最好一气呵成。

（6）刷底色。大小粉线干后，用漆刷涂底色（大色）。彩画刷色要按彩画规则进行，一般多以青绿两色互相调换，涂底色先涂较浅的绿色，再涂较深的蓝色，并将涂过绿色的缺陷处涂刷修整。通过涂色后，应基本将生油地杖全部覆盖。刷色时，应刷实、刷匀。冬季刷色时，颜料可适当加温。

（7）包黄胶、打金胶。为了将需贴金的部位描绘、表达清楚，一般用黄色颜料加胶调和后，刷在贴金部位，将沥粉线条满包严，故称包黄胶。包胶后需打二道金胶油才能衬托贴金后的光泽。目前，也用黄色调和漆等涂料作为包胶材料，这样可只打一道金胶。包胶干后，打金胶油。

（8）贴金。同古建筑贴金操作相同。

（9）拉晕色。拉晕色能增加色彩的层次，是彩画叠色的第二层颜色。晕色一般为青绿两色，三青晕色画在蓝底色上；三绿晕色画在绿底色上。加晕色的部位都在金线的一侧或两侧。拉晕色时，用直尺拉直线晕色；拉曲线晕色时，随曲线拉，然后用刷子将晕色刷匀。

（10）拉大粉。靠金线画一道白线称之为"拉大粉"，宽度为晕色的1/3，其作用是助晕、齐全，使各色之间协调美观，使图案的层次更加丰富，使贴金的边线整齐。凡是晕色之处，必须拉大粉。

（11）压黑老。当彩画的描绘完毕后，再用深色（黑烟子、砂绿、佛青、深紫、深香色等）紧靠各色最深一侧的边缘用细画笔勾线。画深色线就叫压老。画黑色线叫压黑老。其作用也是增加彩画的层次。

（12）整修。整个彩画施工完毕后，对缺陷处要进行整修，使其更加完美。

顶棚彩画如图 17-1 所示。

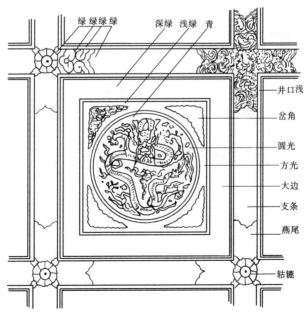

图 17-1　顶棚彩画

十八、涂饰工程质量检验评定标准

（一）一般规定

本节适用于适用于水性涂料涂饰、溶剂型涂料涂饰、美术涂饰等分项工程的质量验收。

1. 涂饰工程验收时应检查下列文件和记录：

（1）涂饰工程的施工图、设计说明及其他设计文件。

（2）材料的产品合格证书、性能检测报告和进场验收记录。

（3）施工记录。

2. 各分项工程的柃验批应按下列规定划分：

（1）室外涂饰工程每栋楼的同类涂料涂饰的墙每 500～1000m² 应划分为一检验批，不足 500m² 也应划分为一个检验批。

（2）室内涂饰工程同类涂料涂饰的墙而每 50 间（大面积房间和走廊按涂饰面积 30m² 为一间）应划分为一个检验批，不足 50 间也应划分为一个检验批。

3. 检查数量应符合下列规定：

（1）室外涂饰工程每 100m² 应至少抽查一处，每处不得小于 10m²；

（2）室内涂饰工程每个检验批应至少抽查 10%，并不得少于 3 间；不足 3 间时应全数检查。

4. 涂饰工程的基层处理应符合下列要求：

（1）新建筑物的混凝土或抹灰基层在涂饰涂料前应涂刷抗碱封闭底漆。

（2）旧墙面在涂饰涂料前应清除疏松的旧装修层，并涂刷界面剂。

（3）混凝土或抹灰基层涂刷溶剂型涂料时，含水率不得大于8％；涂刷乳液型涂料时，含水率不得大于10％。木材基层的含水率不得大于12％。

（4）基层腻子应平整、坚实、牢固，无粉化、起皮和裂缝；内墙腻子的粘结强度应符合《建筑室内用腻子》JG/T 298—2010 的规定。

（5）厨房、卫生间墙面必须使用耐水腻子。

5. 水性涂料涂饰工程施工的环境温度应在 5～ 30℃ 之间。

6. 涂饰工程应在涂层养护期满后进行质量验收。

（二）水性涂料涂饰工程

本节适用于乳液型涂料、无机涂料、水溶性涂料等水性涂料涂饰工程的质量验收。

1. 主控项目

（1）水性涂料涂饰工程所用涂料的品种、型号和性能应符合设计要求。

检验方法：检查产品合格证书、性能检测报告和进场验收记录。

（2）水性涂料涂饰工程的颜色、图案应符合设计要求。

检验方法：观察。

（3）水性涂料涂饰工程应涂饰均匀、粘结牢固，不得漏涂、透底、起皮和掉粉。

检验方法：观察；手摸检查。

（4）水性涂料涂饰工程的基层处理应符合规范要求。

检验方法：观察；手摸检查；检查施工记录。

2. 一般项目

（1）薄涂料的涂饰质量和检验方法应符合表 18-1 的规定。

（2）厚涂料的涂饰质量和检验方法应符合表 18-2 的规定。

薄涂料的涂饰质量和检验方法　　　　　　　表 18-1

项次	项目	普通涂饰	高级涂饰	检验方法
1	颜色	均匀一致	均匀一致	
2	泛碱、咬色	允许少量轻微	不允许	
3	流坠、疙瘩	允许少量轻微	不允许	观察
4	砂眼、刷纹	允许少量轻微砂眼，刷纹通顺	无砂眼. 无刷纹	
5	装饰线、分色线直线度允许偏差/mm	2	1	拉 5m 线，不足 5m 拉通线，用钢直尺检查

厚涂料的涂饰质量和检验方法　　　　　　　表 18-2

项次	项目	普通涂饰	高级涂饰	检验方法
1	颜色	均匀一致	均匀一致	
2	泛碱、咬色	允许少量轻微	不允许	观察
3	点状分布	—	疏密均匀	

（3）复层涂料的涂饰质量和检验方法应符合表 18-3 规定。

复层涂料的涂饰质量和检验方法　　　　　　　表 18-3

项次	项目	质量要求	检验方法
1	颜色	均匀一致	
2	泛碱、咬色	不允许	观察
3	喷点疏密程度	均匀，不允许连片	

（4）涂层与其他装修材料和设备衔接处应吻合，界面应清晰。

检验方法：观察。

（三）溶剂型涂料涂饰工程

本节适用于丙烯酸酯涂料、聚氨酯丙烯酸涂料、有机硅丙烯酸涂料等溶剂型涂料涂饰工程的质量验收。

1. 主控项目

（1）溶剂型涂料涂饰工程所用涂料的品种、型号和性能应符合设计要求。

检验方法：检查产品合格证书、性能检测报告和进场验收记录。

（2）溶剂型涂料涂饰工程的颜色、光泽、图案应符合设计要求。

检验方法：观察。

（3）溶剂型涂料涂饰工程应涂饰均匀、粘结牢固，不得漏涂、透底、起皮和返锈。

检验方法：观察；手摸检查。

（4）溶剂型涂料涂饰工程的基层处理应符合规范要求。

检验方法：观察；手摸检查；检查施工记录。

2. 一般项目

（1）色漆的涂饰质量和检验方法应符合表 18-4 规定。

色漆的涂饰质量和检验方法　　　　　表 18-4

项次	项目	普通涂饰	高级涂饰	检验方法
1	颜色	均匀一致	均匀一致	观察
2	光泽、光滑	光泽基本均匀、光滑无挡手感	光泽均匀一致、光滑	观察，手摸检查
3	刷纹	刷纹通顺	无刷纹	观察
4	裹棱、流坠、皱皮	明显处不允许	不允许	观察

项次	项目	普通涂饰	高级涂饰	检验方法
5	装饰线、分色线直线度允许偏差/mm	2	1	拉 5m 线，不足5m 拉通线，用钢直尺检查

注：无光色漆不检查光泽

（2）清漆的涂饰质量和检查方法应符合表 18-5 的规定。

清漆的涂饰质量和检查方法　　表 18-5

项次	项目	普通涂饰	高级涂饰	检验方法
1	颜色	基本一致	均匀一致	观察
2	木纹	棕眼刮平、木纹清楚	棕眼刮平、木纹清楚	观察
3	光泽、光滑	光泽基本均匀、光滑无挡手感	光泽均匀一致、光滑	观察、手摸检查
4	刷纹	无刷纹	无刷纹	观察
5	裹棱、流坠、皱皮	明显处不允许	不允许	观察

（3）涂层与其他装修材料和设备衔接处应吻合，界面应清晰。

检验方法：观察。

（四）美术涂饰工程

本节适用于套色涂饰、滚花涂饰、仿花纹涂饰等室内外美术涂饰工程的质量验收。

1. 主控项目

（1）美术涂饰所用材料的品种、型号和性能应符合设计要求。

检验方法：观察；检查产品合格证书、性能检测报告和进场验收记录。

（2）美术涂饰工程应涂饰均匀、黏结牢固，不得漏涂、透底、起皮、掉粉和返锈。

检验方法：观察；手摸检查。

（3）美术涂饰工程的基层处理应符合规范要求。

检验方法：观察；手摸检查；检查施工记录。

（4）美术涂饰的套色、花纹和图案应符合设计要求。

检验方法：观察。

2. 一般项目

（1）美术涂饰表面应洁净，不得有流坠现象。

检验方法：观察。

（2）仿花纹涂饰的饰面应具有被模仿材料的纹理。

检验方法：观察。

（3）套色涂饰的图案不得移位，纹理和轮廓应清晰。

检验方法：观察。

十九、涂饰工程安全管理

（一）安全生产标准化

所谓安全生产标准化建设，就是用科学的方法和手段，提高人的安全意识，创造人的安全环境，规范人的安全行为，使人、机、环境达到最佳统一，从而实现最大限度地防止和减少伤亡事故的目的。安全生产标准化建设的核心是人——企业的每个员工。因此，它涉及的面很广，既涉及人的思想，又涉及人的行为，还涉及人所从事的环境，所管理的机械设备、物体材料等方面的内容。

开展安全生产标准化工作，要遵循"安全第一、预防为主、综合治理"的方针，以隐患排查治理为基础，提高安全生产水平，减少事故发生，保障人身安全健康，保证生产经营活动的顺利进行。

生产经营单位安全生产标准化工作采用"策划、实施、检查、改进"动态循环的模式，结合自身的特点，建立并保持安全生产标准化系统；通过自我检查、自我纠正和自我完善，建立安全绩效持续改进的安全生产长效机制。

安全生产标准化工作实行自主评定、外部评审的方式。生产经营单位根据有关评分细则，对本单位开展安全生产标准化工作情况进行评定；自主评定后申请外部评审定级。安全生产标准化评审分为一级、二级、三级，一级为最高。

（二）开展安全标准化建设的重点内容

1. 确定目标

生产经营单位根据自身安全生产实际，制定总体和年度安全生产目标。按照所辖部门在生产经营中的职能，制定安全生产指标和考核办法。

2. 设置组织机构，确定相关岗位职责

生产经营单位按规定设立安全管理机构，配备安全生产管理人员。生产经营单位主要负责人按照法律法规赋予的职责，全面负责安全生产工作，并履行安全生产义务。

生产经营单位应建立安全生产责任制，明确各级单位、部门和人员的安全生产职责。

3. 安全生产投入保证

生产经营单位应建立安全生产投入保障制度，完善和改进安全生产条件，按规定提取安全费用，专项用于安全生产，并建立安全费用台账。

4. 法律法规的执行与完善安全管理制度

生产经营单位应建立识别和获取适用的安全生产法律法规、标准规范的制度，明确主管部门，确定获取的渠道、方式，及时识别和获取适用的安全生产法律法规、标准规范。生产经营单位各职能部门应及时识别和获取本部门适用的安全生产法律法规、标准规范，并跟踪、掌握有关法律法规、标准规范的修订情况，及时提供给本单位内负责识别和获取适用的安全生产法律法规的主管部门汇总。

生产经营单位应将适用的安全生产法律法规、标准规范及其他要求传达给从业人员。生产经营单位应遵守安全生产法律法规、标准规范，并将相关要求及时转化为本单位的规章制度，贯彻到各项工作中。

5. 教育培训

生产经营单位应确定安全教育培训主管部门，按规定及岗位需要，定期识别安全教育培训需求，制定、实施安全教育培训计划，提供相应的资源保证。应做好安全教育培训记录，建立安全教育培训档案，实施分级管理，并对培训效果进行评估和改进。

生产经营单位应对操作岗位人员进行安全教育和生产技能培训，使其熟悉有关的安全生产规章制度和安全操作规程，并确认其能力符合岗位要求。未经安全教育培训，或培训考核不合格的从业人员，不得上岗作业。

6. 生产设备设施管理

生产经营单位建设项目的所有设备设施应符合有关法律法规、标准规范的要求；安全设备设施应与建设项目主体工程同时设计、同时施工、同时投入生产和使用。生产设备设施变更应执行变更管理制度，履行变更程序，并对变更的全过程进行隐患控制。

生产经营单位应对设备设施进行规范化管理，保证其安全运行。应有专人负责管理各种安全设施，建立台账，定期检维修。对安全设备设施应制定检维修计划。设备设施检维修前应制定方案，检维修方案应包含作业行为分析和控制措施，检维修过程应执行隐患控制措施并进行监督检查。安全设备设施不得随意拆除、挪用或弃置不用；确因检维修拆除的，应采取临时安全措施，检维修完毕后立即复原。

设备的设计、制造、安装、使用、检测、维修、改造、拆除和报废，应符合有关法律法规、标准规范的要求。执行生产设备设施到货验收和报废管理制度，应使用质量合格、设计符合要求的生产设备设施。拆除的设备设施应按规定进行处置。拆除的生产设备设施涉及危险物品的，须制定危险物品处置方案和应急措施，并严格按照规定组织实施。

7. 作业安全

（1）生产现场管理和生产过程控制

生产经营单位应加强生产现场安全管理和生产过程的控制。对生产过程及物料、设备设施、器材、通道、作业环境等存在的隐患，应进行分析和控制。对动火作业、起重作业、受限空间作业、临时用电作业、高处作业等危险性较高的作业活动实施作业许可管理，严格履行审批手续。作业许可证应包含危害因素分析和安全措施等内容。

对于吊装、爆破等危险作业，应当安排专人进行现场安全管理，确保安全规程的遵守和安全措施的落实。

（2）作业行为管理

生产经营单位应加强生产作业行为的安全管理。对作业行为隐患、设备设施使用隐患、工艺技术隐患等进行分析，采取控制措施，实现人、机、环的和谐统一。

（3）安全警示标志

根据作业场所的实际情况，在有较大危险因素的作业场所和设备设施上，设置明显的安全警示标志，进行危险提示、警示，告知危险的种类、后果及应急措施等。

（4）相关方管理

建立合格相关方的名录和档案，根据服务作业行为定期识别服务行为风险，并采取行之有效的控制措施。对进入同一作业区的相关方进行统一安全管理。不得将项目委托给不具备相应资质或条件的相关方。生产经营单位和相关方的项目协议应明确规定双方的安全

生产责任和义务，或签订专门的安全协议，明确双方的安全责任。

（5）变更管理

生产经营单位应执行变更管理制度，对机构、人员、工艺、技术、设备设施、作业过程及环境等永久性或暂时性的变化进行有计划的控制。变更的实施应履行审批及验收程序，并对变更过程及变更所产生的隐患进行分析和控制。

8. 隐患排查和治理

生产经营单位应组织事故隐患排查工作，对隐患进行分析评估，确定隐患等级，登记建档，及时采取措施治理。

（1）排查依据

法律法规、标准规范发生变更或有新的公布，以及操作条件或工艺改变，新建、改建、扩建项目建设，相关方进入、撤出或改变，对事故、事件或其他信息有新的认识，组织机构发生大的调整的，应及时组织隐患排查。

（2）排查范围与方法

隐患排查的范围应包括所有与生产经营相关的场所、环境、人员、设备设施和活动。生产经营单位应根据安全生产的需要和特点，采用综合检查、专业检查、季节性检查、节假日检查、日常检查、专项检查等方式进行隐患排查。

（3）隐患治理

根据隐患排查的结果，制定隐患治理方案，对隐患及时进行治理。隐患治理方案应包括目标和任务、方法和措施、经费和物资、机构和人员、时限和要求。重大事故隐患在治理前应采取临时控制措施并制定应急预案。

隐患治理措施包括：工程技术措施、管理措施、教育措施、防护措施和应急措施。

治理完成后，应对治理情况进行验证和效果评估。

（4）预测预警

生产经营单位应根据生产经营状况及隐患排查治理情况，运用定量的安全生产预测预警技术，建立体现本单位安全生产状况及发展趋势的预警指数系统。

9. 重大危险源监控

生产经营单位应根据国家重大危险源有关标准对本单位的危险设施或场所进行重大危险源辨识与安全评估。对构成国家规定的重大危险源应及时登记建档，并按规定向政府有关部门备案。生产经营单位应建立健全重大危险源安全管理制度，制定重大危险源安全管理技术措施。

10. 职业健康

（1）职业健康管理

生产经营单位应按照法律法规，标准规范的要求，为从业人员提供符合职业健康要求的工作环境和条件，配备与职业健康保护相适应的设施、工具。

定期对作业场所职业危害进行检测，在检测点设置标识牌予以告知，并将检测结果录入职业健康档案。配置现场急救用品，设置报警装置，制定应急预案，设置应急通道，并定期对其检查。

（2）职业危害告知和警示

生产经营单位与从业人员订立劳动合同时，应将工作过程日可能产生的职业危害及其后果和防护措施如实告知从业人员，并在劳动合同中写明。

生产经营单位应采用有效的方式对从业人员及相关方进行宣传，使其了解生产过程中的职业危害、预防和应急处理措施，降低或消除危害后果。对存在严重职业危害的作业岗位，应设置警示标识和警示说明。警示说明应载明职业危害的种类、后果、预防和应急救治措施。

（3）职业危害申报

生产经营单位应按规定及时、如实向当地主管部门申报生产过程存在的职业危害因素，并依法接受其监督。

11. 应急救援

（1）应急机构和队伍

负责安全生产应急管理工生产经营单位应建立安全生产应急管理机构，或指定专人负责应急救援管理工作。建立与本单位生产特点相适应的专兼职应急救援队伍，或指定专兼职救援人员，并组织训练；无需建立应急救援队伍的，可与附近具备专业资质的应急救援队伍签订协议。

（2）应急预案

生产经营单位应按规定制定生产安全事故应急方案或措施，形成安全生产应急预案体系并针对重点作业岗位制定应急措施，根据规定报当地主管部门备案，并通报有关应急协作单位。应急预案应定期评审，并根据评审结果或修订和完善。

（3）应急设施、装备、物资

生产经营单位应按规定建立应急设施，配备应急装备，储备应急物资，并进行经常性的检查、维护、保养，确保其完好、可靠。

（4）应急演练

生产经营单位应组织生产安全事故应急演练并对演练效果进行评估。根据评估结果，修订、完善应急预案，改进应急管理工作。

（5）事故救援

发生事故后，应立即启动相关应急预案，积极开展事故救援。

12. 事故管理

（1）事故报告

生产经营单位发生事故后，应按规定及时向上级单位、政府有关部门报告，并妥善保护事故现场及有关证据，必要时向相关单位和人员通报。

（2）事故调查和处理

发生事故后，应按规定成立事故调查组，明确其职责与权限，进行事故调查或配合上级部门的事故调查。

事故调查应查明事故发生的时间、经过、原因和人员伤亡情况及直接经济损失等。事故调查组应根据有关证据、资料，分析事故的直接、间接原因和事故责任，提出整改措施和处理建议，编制事故调查报告。

13. 绩效评定和持续改进

生产经营单位每年至少一次对本单位安全生产标准化的实施情况进行评定，验证各项安全生产制度措施的适宜性、充分性和有效性，检查安全生产工作目标、指标的完成情况。主要负责人应对绩效评定工作全面负责。评定工作应形成正式文件，并将结果向所有部门、所属单位和从业人员通报，作为年度考评的重要依据。生产经营单位发生死亡事故后应重新进行评定。

生产经营单位应根据安全生产标准化评定结果和安全生产预警指数系统所反映的趋势，对安全生产目标、指标、规章制度、操作规程等进行修改完善，持续改进，不断提高安全生产管理水平。

（三）安全施工制度建设

1. 安全生产规章制度体系的建立

目前我国还没有明确的安全生产规章制度分类标准。从广义上讲，安全生产规章制度应包括安全管理和安全技术两个方面的内容。在长期的安全生产实践过程中，生产经营单位按照自身的习惯和传统，形成了各具特色的安全生产规章制度体系。按照安全系统工程和人机工程原理建立的安全生产规章制度体系，一般把安全生产规章制度分为四类，即综合管理、人员管理、设备设施管理、环境管理；按照标准化工作体系建立的安全生产规章制度体系，一般把安全规章规章制度分为技术标准、工作标准和管理标准，通常称为"三大标准体系"；按职业安全健康管理体系建立的安全生产规章制度，一般包括手册、程序文件、作业指导书。

一般生产经营单位安全生产规章制度体系应主要包括以下内容，高危行业的生产经营单位还应根据相关法律法规进行补充和完善。

2. 综合安全管理制度

（1）安全生产管理目标、指标和总体原则

应包括：生产经营单位安全生产的具体目标、指标，明确安全生产的管理原则、责任，明确安全生产管理的体制、机制、组织机构、安全生产风险防范和控制的主要措施，日常安全生产监督管理的重点工作等内容。

（2）安全生产责任制

应明确：生产经营单位各级领导、各职能部门、管理人员及各生产岗位的安全生产责任、权利和义务等内容。

安全生产责任制属于安全生产规章制度范畴。通常把"安全生产责任制"与"安全生产规章制度"并列来提，主要是为了突出安全生产责任制的重要性。安全生产责任制的核心是清晰安全管理的责任界面，解决"谁来管，管什么，怎么管，承担什么责任"的问题，安全生产责任制是生产经营单位安全生产规章制度建立的基础。其他的安全生产规章制度，重点是解决"干什么，怎么干"的问题。

建立安全生产责任制，一是增强生产经营单位各级主要负责人、各管理部门管理人员及各岗人员对安全生产的责任感；二是明确责任，充分调动各级人员和各管理部门安全生产的积极性和主观能动性，加强自主管理，落实责任；三是责任追究的依据。

建立安全生产责任制，应体现安全生产法律法规和政策、方针的要求；应与生产经营单位安全生产管理体制、机制协调一致；应做到与岗位工作性质、管理职责协调一致，做到明确、具体、有可操作性；应有明确的监督、检查标准或指标，确保责任制切实落实到位；应根据生产经营单位管理体制变化及安全生产新的法规、政策及安全生产形势的变化及时修订完善。

（3）安全管理定期例行工作制度

应包括：生产经营单位定期安全分析会议，定期安全学习制度，定期安全活动，定期安全检查等内容。

（4）承包与发包工程安全管理制度

应明确：生产经营单位承包与发包工程的条件、相关资质审查、各方的安全责任、安全生产管理协议、施工安全的组织措施和技术措施、现场的安全检查与协调等内容。

（5）安全设施和费用管理制度

应明确：生产经营单位安全设施的日常维护、管理；安全生产费用保障；根据国家、行业新的安全生产管理要求或季节特点，以及生产、经营情况等发生变化后，生产经营单位临时采取的安全措施及费用来源等。

（6）重大危险源管理制度

应明确：重大危险源登记建档，定期检测、评估、监控，相应的应急预案管理；上报有关地方人民政府负责安全生产监督管理的部门和有关部门备案内容及管理。

（7）危险物品使用管理制度

应明确：生产经营单位存在的危险物品名称、种类、危险性；使用和管理的程序、手续；安全操作注意事项；存放的条件及日常监督检查；针对各类危险物品的性质，在相应的区域设置人员紧急救护、处置的设施等。

（8）消防安全管理制度

应明确：生产经营单位消防安全管理的原则、组织机构、日常管理、现场应急处置原则和程序；消防设施、器材的配置、维护保养、定期试验；定期防火检查、防火演练等。

（9）隐患排查和治理制度

应明确：应排查的设备、设施、场所的名称，排查周期、排查人员、排查标准；发现问题的处置程序、跟踪管理等。

（10）交通安全管理制度

应明确：车辆调度、检查维护保养、检验标准，驾驶员学习、培训、考核的相关内容。

（11）防灾减灾管理制度

应明确：生产经营单位根据地区的地理环境、气候特点以及生产经营性质，针对在防范台风、洪水、泥石流、地质滑坡、地震等自然灾害相关工作的组织管理、技术措施、日常工作等内容和标准。

（12）事故调查报告处理制度

应明确：生产经营单位内部事故标准，报告程序、现场应急处置、现场保护、资料收集、相关当事人调查、技术分析、调查报告编制等。还应明确向上级主管部门报告事故的流程、内容等。

（13）应急管理制度

应明确：生产经营单位的应急管理部门，预案的制定、发布、演练、修订和培训等；总体预案、专项预案、现场处置方案等。

制定应急管理制度及应急预案过程中，除考虑生产经营单位自身可能对环境和公众的影响外，还应重点考虑生产经营单位周边环境的特点，针对周边环境可能给生产、经营过程中的安全所带来的影响。如生产经营单位附近存在化工厂，就应调查了解可能会发生何种有毒、有害物质泄漏，可能泄漏物质的特性、防范方法，以便与生产经营单位自身的应急预案相衔接。

（14）安全奖惩制度

应明确：生产经营单位安全奖惩的原则；奖励或处分的种类、额度等。

3. 人员安全管理制度

（1）安全教育培训制度

应明确：生产经营单位各级管理人员安全管理知识培训、新员工三级教育培训、转岗培训；新材料、新工艺、新设备的使用培训；特种作业人员培训；岗位安全操作规程培训；应急培训等。还应明确各项培训的对象、内容、时间及考核标准等。

（2）劳动防护用品发放使用和管理制度

应明确：生产经营单位劳动防护用品的种类、适用范围、领取程序、使用前检查标准和用品寿命周期等内容。

（3）安全工器具的使用管理制度

应明确：生产经营单位安全工器具的种类、使用前检查标准、定期检验和器具寿命周期等内容。

（4）特种作业及特殊危险作业管理制度

应明确：生产经营单位特种作业的岗位、人员，作业的一般安全措施要求等。特殊危险作业是指危险性较大的作业，应明确作业的组织程序，保障安全的组织措施、技术措施的制定及执行等内容。

（5）岗位安全规范

应明确：生产经营单位除特种作业岗位外，其他作业岗位保障人身安全、健康，预防火灾、爆炸等事故的一般安全要求。

（6）职业健康检查制度

应明确：生产经营单位职业禁忌的岗位名称、职业禁忌证、定期健康检查的内容和标准、女工保护，以及按照《职业病防治法》要求的相关内容等。

（7）现场作业安全管理制度

应明确：现场作业的组织管理制度，如工作联系单、工作票、操作票制度，以及作业现场的风险分析与控制制度、反违章管理制度等内容。

4. 设备设施安全管理制度

（1）"三同时"制度

应明确：生产经营单位新建、改建、扩建工程"三同时"的组织审查、验收、上报、备案的执行程序等。

（2）定期巡视检查制度

应明确：生产经营单位日常检查的责任人员，检查的周期、标准、线路，发现问题的处置等内容。

（3）定期维护检修制度

应明确：生产经营单位所有设备、设施的维护周期、维护范围、维护标准等内容。

（4）定期检测、检验制度

应明确：生产经营单位须进行定期检测的设备种类、名称、数量；有权进行检测的部门或人员；检测的标准及检测结果管理；安全使用证、检验合格证或者安全标志的管理等。

（5）安全操作规程

应明确：为保证国家、企业、员工的生命财产安全，根据物料性质、工艺流程、设备使用要求而制定的符合安全生产法律法规的操作程序。对涉及人身安全健康、生产工艺流程及周围环境有较大影响的设备、装置，如电气、起重设备、锅炉压力容器、内部机动车辆、建筑施工维护、机加工等，生产经营单位应制定安全操作规程。

5. 环境安全管理制度

（1）安全标志管理制度

应明确：生产经营单位现场安全标志的种类、名称、数量、地点和位置；安全标志的定期检查、维护等。

（2）作业环境管理制度

应明确：生产经营单位生产经营场所的通道、照明、通风等管理标准；人员紧急疏散方向、标志的管理等。

（3）职业卫生管理制度

应明确：生产经营单位尘、毒、噪声、高低温、辐射等涉及职业健康有害因素的种类、场所；定期检查、检测及控制等管理内容。

（四）安全生产规章制度的管理

1. 起草

根据生产经营单位安全生产责任制，由负责安全生产管理部门或相关职能部门负责起草。起草前应对目的、适用范围、主管部门、解释部门及实施日期等给予明确，同时还应做好相关资料的准备和收集工作。规章制度的编制，应做到目的明确、条理清楚、结构严谨、用词准确、文字简明标点符号正确。

2. 会签或公开征求意见

起草的规章制度，应通过正式渠道征得相关职能部门或员工的意见和建议，以利于规章制度颁布后的贯彻落实。当意见不能取得一致时，应由分管领导组织讨论，统一认识，达成一致。

3. 审核

制度签发前，应进行审核。一是由生产经营单位负责法律事务的部门进行合规性审查；二是专业技术性较强的规章制度应邀请相关专家进行审核；三是安全奖惩等涉及全员性的制度，应经过职工代表大会或职工代表进行审核。

4. 签发

技术规程、安全操作规程等技术性较强的安全生产规章制度，一般由生产经营单位主管生产的领导或总工程师签发，涉及全局性的综合管理制度应由生产经营单位的主要负责人签发。

5. 发布

生产经营单位的规章制度，应采用固定的方式进行发布，如红头文件形式、内部办公网络等。发布的范围应涵盖应执行的部门、人员。有些特殊的制度还正式送达相关人员，并由接收人员签字。

6. 培训

新颁布的安全生产规章制度、修订的安全生产规章制度，应组织进行培训，安全操作规程类规章制度还应组织相关人员进行考试。

7. 反馈

应定期检查安全生产规章制度执行中存在的问题，或建立信息反馈渠道。

8. 持续改进

定期修订改进制度。

二十、职业卫生

（一）职业卫生概述

1. 职业卫生

《职业安全卫生术语》CB/T 15236—2008 中对职业卫生的定义是：以职工的健康在职业活动过程中免受有害因素侵害为目的的工作领域及其在法律、技术、设备、组织制度和教育等方面所采取的相应措施。

2. 职业性有害因素

（1）生产过程。指按生产工艺所要求的各项生产工序进行连续或间断作业的过程随生产技术、机器设备、使用材料和工艺流程变化而改变。

（2）劳动过程。指在按生产工艺所要求的各项生产中，从事有目的和有价值的职业活动过程，它涉及针对生产工艺流程的劳动组织、生产设备布局、作业者操作体位和劳动方式，以及智力和体力劳动的比例。

（3）生产环境。指作业场所环境，包括按工艺过程建立的室内作业环境和周围大气环境，以及户外作业大自然环境。

（4）工作场所。也称作业场所，指劳动者进行职业活动的全部地点。

（5）职业性有害因素。也称职业性危害因素或职业危害因素，是指在生产过程中、劳动过程中、作业环境中存在的各种有害的化学、物理、生物因素以及在作业过程中产生的其他危害劳动者健康、能导致职业病的有害因素。

（6）职业性有害因素分类

1）按来源分类。各种职业性有害因素按其来源可分为以下三类：

① 生产过程中产生的有害因素

化学因素。包括生产性粉尘和化学有毒物质。生产性粉尘，例如矽尘、煤尘、石棉尘、电焊烟坐等；化学有毒物质，例如铅、汞、锰、苯、一氧化碳、硫化氢、甲醛、甲醇等。

物理因素。例如异常气象条件（高温、高湿、低温）、异常气压、噪声、振动、射等。

生物因素。例如附着于皮毛上的炭疽杆菌、甘蔗渣上的真菌，医务工作者可能接触生物传染性病原物等。

② 劳动过程中的有害因素

劳动组织和制度不合理，劳动作息制度不合理等。

精神性职业紧张。

劳动强度过大或生产定额不当。

个别器官或系统过度紧张，如视力紧张等。

长时间不良体位或使用不合理的工具等。

③ 生产环境中的有害因素

自然环境中的因素，例如炎热季节的太阳辐射。

作业场所建筑卫生学设计缺陷因素，例如照明不良、换气不足等。

2）按有关规定分类。2013 年 12 月 23 日，国家卫生计生委、人力资源社会保障部、安全监管总局、全国总工会 4 部门联合印发《职业病分类和目录》。该《分类和目录》将职业病分为职业性尘肺病及其他呼吸系统疾病、职业性皮肤病、职业性眼病、职业性耳鼻喉口腔疾病、职业性化学中毒、物理因素所致职业病、职业性放射性疾病、职业性传染病、职业性肿瘤、其他职业病 10 类 132 种。

3. 职业接触限值（OEL）

职业性有害因素的接触限值。指劳动者在职业活动过程中长期反复接触，对绝大接触者的健康不引起有害作用的容许接触水平。

4. 职业禁忌与职业健康监护

（1）职业禁忌。指员工从事特定职业或者接触特定职业危害因素时，比一般职业人群更易于遭受职业危害的侵袭和罹患职业病，或者可能导致原有自身疾病的病情加重，或者在从事作业过程中诱发可能导致对他人生命健康构成危险的疾病的个人特殊生理或者病理状态。

（2）职业健康监护。是通过各种检查和分析，评价职业性有害因素对接触者健康影响及其程度，掌握职工健康状况，及时发现健康损害征象，以便采取相应的预防措施，防止有害因素所致疾患的发生和发展。包括开展职业健康体检、职业病诊疗、建立职业健康监护档案等。

（3）职业健康监护档案。指生产经营单位需要建立的劳动者职业健康档案，包括劳动者的职业史、职业危害接触史、职业健康检查结果和职业病诊疗等有关个人健康资料。

5. 职业性病损和职业病

（1）健康。指整个身体、精神和社会生活的完好状态，而不仅仅是没有疾病或不虚弱。

（2）职业性病损。劳动者职业活动过程中接触到职业危害因素而造成的健康损害统称职业性病损。包括工伤、职业病和工作有关疾病。

（3）职业病。指企业、事业和个体经济组织的劳动者在职业活动中，因接触粉尘、放射性物质和其他有毒、有害物质或有害因素等而引起的疾病。如在职业活动中，接触铍可引致铍肺，接触氟可致氟骨症，接触氯乙烯可引起肢端溶骨症，接触焦油沥青起皮肤黑变病等。

由国家主管部门公布的职业病目录所列的职业病称为法定职业病。界定法定职业病的 4 个基本条件是：（1）在职业活动中产生；（2）接触职业危害因素；（3）列入国家职业病范围；（4）与劳动用工行为相联系。

（二）职业卫生工作方针与原则

职业危害因素预防控制工作的目的是预防、控制和消除职业危害，防治职业病，保护劳动者健康及相关权益，促进经济发展；利用职业卫生与职业医学和相关学科的基础理论，对工作场所进行职业卫生调查，判断职业危害对职业人群健康的影响，评价工作环境是否符合相关法规、标准的要求。

职业危害防治工作，必须发挥政府、生产经营单位、工伤保险、职业卫生技术服机构、职业病防治机构等各方面的力量，由全社会加以监督，贯彻"预防为主，防治结合"的方针，遵循职业卫生"三级预防"的原则，实行分类管理，综合治理，不断提高职业病防治管理水平。

第一级预防，又称病因预防。是从根本上杜绝职业危害因素对人的作用，即改进生产工艺和生产设备，合理利用防护设施及个人防护用品，以减少工人接触的机会和程度。将国家制订的工业企业设计卫生标准、工作场所有害物质职业接触限值等作为共同遵守接触限值或"防护"的准则，可在职业病预防中发挥重要的作用。

根据职业病防治法对职业病前期预防的要求，产生职业危害的生产经营单位的设立，除应当符合法律、行政法规规定的设立条件外，其工作场所还应当符合以下要求：

（1）职业危害因素的强度或者浓度符合国家职业卫生标准。

（2）有与职业危害防护需求相适应的设施。

（3）生产布局合理，符合有害与无害作业分开的原则。

（4）有配套的更衣间、洗浴间、孕妇休息间等卫生设施。

（5）设备、工具、用具及设施符合保护劳动者生理、心理健康的要求。

（6）法律、行政法规和国务院卫生行政部门关于保护劳动者健康的其他要求。

国家实行由安全生产监督管理部门主持的职业危害项目的申报制度，即新建、扩建、改建建设项目和技术改造、技术引进项目可能产生职业危害的，建设单位在可行性论证阶段应当提交职业危害预评价报告。建设项目在竣工验收前，建设单位应当进行职业危害控制效果评价。建设项目竣工验收时，其职业病防护设施经卫生行政部门验收合格后，方可投入正式生产和使用。建设项目的职业危害防护设施所需费用，应当纳入建设项目工程预算，并与主体工程同时设计，同时施工，同时投入生产和使用。这些措施均属于第一级预防措施。

第二级预防，又称发病预防。是早期检测和发现人体受到职业危害因素所致的疾病，其主要手段是定期进行环境中职业危害因素的监测和对接触者的定期体格检查，评价工作场所职业危害程度，控制职业危害，加强防毒防尘，防止物理性因素等有害因素的危害，使工作场所职业危害因素的浓度（强度）符合国家职业卫生标准。对劳动者进行职业健康监护，开展职业健康检查，早期发现职业性疾病损害，早期鉴别和诊断。

第三级预防，是在病人患职业病以后，合理进行康复处理。包括对职业病病人的保障，对疑似职业病病人进行诊断。保障职业病病人享受职业病待遇，安排职业病病人进行治疗、康复和定期检查，对不适宜继续从事原工作的职业病病人，应当调离原岗位并妥善安置。

第一级预防是理想的方法，针对整体的或选择的人群，对人群健康和福利状态均能起根本的作用，一般所需投入比第二级预防和第三级预防要少，且效果更好。

（三）职业病防治与急救

1. 职业病症状原因及预防措施（表 20-1）。

2. 急救

制作安全技术交底虽能防止事故发生，但由于油漆工人的工作环境和所用材料的性质，出现事故的可能性仍然存在，因而必须有防护急救措施，以有效地防治可能发生的事故。

职业病症状原因及预防措施 表 20-1

职业病名称	症状	引发原因	预防措施
皮炎	起化学反应（发炎）	直接接触玻璃纤维、水泥、环氧树脂、聚氨酯、甲醛树脂、硬化剂、杀菌剂、酸碱染料及稀料等	（1）施工时必须穿工作服，戴专用手套，并均需加锁口 （2）擦皮肤药膏，由于有效时间短，故每班时均应涂抹在外露皮肤上
	皮肤抵抗力下降，易过敏、感染等	松香水、煤油、聚氨酯及酒精，清洁剂、氯丁橡胶涂料稀释剂等	
	细菌感染	喷雾等空气传播的有机体落在感染的皮肤上	
呼吸道及肺部疾病	流鼻涕、咽喉炎、支气管炎及肺部发炎等	主要是长期被动吸入打磨时石棉制品、石砖、水泥、混凝土、木材、塑料等粉尘及涂料和稀料等喷雾中含毒有机挥发物	（1）涂料施上时必须戴防毒具或用口罩 （2）施工空间必须保持通风，条件较差时应设置通风设备 （3）在使用燃烧设备时，不应有烟或叫火，尤其是有氯化烃溶剂时 （4）空间通风不好时严禁用汽油发动机等排放废气
	窒息	涂料施工时产生或挥发的有毒气体浓度过高，使人吸氧不足	
眼部疾病	流眼泪、红眼病发炎或失明等	主要是施工时产生的甲醇、甲醛、甲苯、二甲苯或香蕉水、氯气等有毒的挥发性气体	（1）保持空气流通，严禁在通风较差的环境下施涂 （2）戴好防护眼镜，不得直接揉眼等，揉眼等动作应在洗手后进行

职业病名称	症状	引发原因	预防措施
中毒	头晕头痛，记忆力减退，恶心、	主要是长期处于超过允许浓度的环境中或是清洗不到位，主要有铅中毒、苯中毒、刺激性气体中毒、甲苯及二甲苯中毒等	（1）注意坚持执行以上各条预防措施 （2）养成饭前洗手洗脸，下班淋浴换衣的习惯勤洗勤换工作服 （3）定期体检，出现以上症状应及时就诊

（1）急救箱

急救箱应有专人管理，名字写在箱子上或邻近处；里面装有消毒敷料。纱布绷带、胶布、消毒脱脂棉、眼药膏、消毒的眼用纱布、创可贴。

（2）急救措施

1）流血按照规定包扎伤口；

2）窒息引起的昏迷：立即移到室外，松口扎紧的衣领；

3）清除口腔中的血和呕吐物；

4）如呼吸困难，进行人工呼吸；

5）骨折把受伤部位固定住，以免扩大损伤。

二十一、安全防护常识

（一）劳 动 保 护

1. 头部护具类。是用于保护头部，防撞击、挤压伤害、防物料喷溅、防粉尘等的护具。如玻璃钢安全帽。

2. 呼吸护具类。是预防尘肺和职业病的重要护品。按用途分为防尘、防毒、供养三类，按作用原理分为过滤式防尘罩、隔绝式防毒面具两类。

3. 眼防护具。用以保护作业人员的眼睛、面部，防止外来伤害。分为焊接用眼防护具、炉窑用眼护具、防冲击眼护具、微波防护具、激光防护镜以及防 X 射线、防化学、防尘等眼护具。

4. 听力护具。长期在 90dB(A)以上或短时在 115dB(A)以上环境中工作时应使用听力护具，主要有耳罩。

5. 防护鞋。用于保护足部免受伤害。目前主要产品有防砸、绝缘、防静电、耐酸碱、耐油、防滑鞋、钢板军靴等。

6. 防护手套。用于手部保护，主要有耐酸碱手套、电工绝缘手套、电焊手套、防 X 射线手套、石棉手套、丁腈手套等。

7. 防护服。用于保护职工免受劳动环境中的物理、化学因素的伤害。防护服分为特殊防护服和一般作业服两类。

8. 防坠落护具。用于防止坠落事故发生。主要有安全带、安全绳和安全网。

9. 护肤用品。用于外露皮肤的保护。分为护肤膏和洗涤剂。

在目前各产业中，劳动防护用品都是必须配备的。根据实际使用情况，应按时间更换。在发放中，应按照工种不同进行分别发放，并保存台账。

进入施工区域，请你注意消防安全。

请注意逃生路线和安全出口的具体位置，如遇火灾，中毒、空中坠物等，请你按疏散指示标识的方向或疏散到预先考虑的安全区域，以及现场工作人员的引导，正确、快速、有序地进行疏散和自救。

安全按事故类别分为十四类事故，即物体打击、车辆伤害、机械伤害、起重伤害、触电、灼烫、火灾、高处坠落、坍塌、透水、爆炸、中毒、窒息、其他伤害，这需要重点防范。这里重点介绍以下几方面：

（二）防 火 防 爆

1. 防火、防爆一般知识

涂料及稀料绝大部分都是可挥发且易燃物质，在涂装过程中形成的漆雾、有机溶剂蒸气、粉尘等与空气混合、积聚到一定的浓度范围时一旦接触到火源，极易引起火灾，当达到一定浓度时甚至可以引发爆炸事故。

众所周知，火灾发生的必备条件为空气、可燃物、火源，缺一不可，空气无法避免，只有使可燃物与火源隔离，才可以有效地控制火灾的发生。

由于闪点、爆炸界限与涂料及其溶剂的沸点、挥发速率有关。现将常用涂料溶剂的闪点、爆炸界限、沸点及挥发速率列于表 21-1。

常用涂料溶剂的闪点和爆炸界限等参数　　　表 21-1

溶剂	闪点（℃）	爆炸界限（%）	沸点（℃）	自燃点（℃）	相对挥发速率乙酸丁酯＝1
石油醚	＜0	1.40～5.90	30～120	—	—
200 号溶剂汽油	33	1.00～6.20	145	—	0.18

溶剂	闪点 (℃)	爆炸界限 (%)	沸点 (℃)	自燃点 (℃)	相对挥发速 率乙酸 丁酯＝1
苯	−11.10	1.40～21	200	562.20	5.00
甲苯	4.40	1.27～7.00	79.60	552	1.95
二甲苯	25.29	1.00～5.30	111.00	530	0.68
松节油	35	0.80	135	253.30	0.45
甲醇 乙醇	12 14	6.00～36.50	150 170	470 390.40	6.00 2.60
正丁醇	35.00	1.45～11.25	64.65	340	0.45
异丙醇	11.70	2.02～7.99	78.30	420	2.05
丙酮	−17.80	2.55～12.80	56.10	561	7.20
甲乙酮	−4	1.80～11.50	79.60	505	4.65
甲基异丁基酮	15	1.40～7.50	118.00	460	1.45
甲环己酮	44	1.10～8.10	155.00	420	0.25
乙酸乙酯	−4.00	2.18～11.40	77.00	425.50	5.25
乙酸丁酯	27	1.40～8.00	126.50	421	1.00
乙二醇乙醚	45	1.80～14.00	135.00	238	0.40
乙二醇丁醚	61	1.10～10.60	170.60	244	0.10

2. 防火和防爆安全注意事项

（1）留意消防设施器材及逃生设备的放置和使用方法，如遇火灾请正确使用，确保安全。

（2）消防安全"四个能力"：1）补救初起火灾能力，制定灭火和应急疏散预案；发生火情，员工按职责分工、有效处置。2）消除火灾隐患能力确定消防安全管理人；定期开展放火检查巡查；发现火灾隐患，及时消除。3）宣传教育培训能力，半年组织一次消防安全培训；懂器材使用、懂自救技能；会查隐患、会补救初起火灾、会组织疏散。4）组织人员疏散逃生能力，掌握逃生技能；掌握逃生路线；掌握疏散程序。

（3）灭火器的使用，撕下小铅封，再拔下保险销，然后右手紧握压把，左手握住喷嘴，对准火焰根部即可灭火，切忌颠倒喷射。

（4）涂料施工中应注意所处场所的溶剂蒸发浓度不能超过上述规定的范围，贮存涂料和溶剂的桶应盖严，避免溶剂挥发。工作场所应有排风和排气设备，以减少溶剂蒸汽的浓度。

（5）在有限空间内施工，除加强通风外，还要防止室内温度过高。

（6）施工现场严禁吸烟，不准携带火柴、打火机和其他火种进入工作场地。如必须生火或使用喷灯、烙铁、焊接时，必须在规定的区域内进行。

（7）施工中，擦涂料和被有机溶剂污染的废布、棉球、棉纱、防护服等应集中并妥善存放，特别是一些废弃物要存放在贮有清水的密闭桶中，不能放置在灼热的火炉边或暖气管、烘房附近，避免引起火灾。

（8）各种电气设备，如照明灯、电动机、电气开关等，都应有防爆装置。要定期检查电路及设备、绝缘有无破损，电动机有无超载，电器设备是否可靠接地等。

（9）在涂料施工中，尽量避免敲打、碰撞、冲击、摩擦铁器等动作，以免产生火花，引起燃烧。严禁穿有铁钉皮鞋的人员进入工作现场，不用铁棒启封金属漆桶等。

（10）防止静电放电引起的火花，静电喷枪不能与工件距离过近，消除设备、容器和管道内的静电积累，在有限空间生产和涂装时，要穿着防静电的服装等。

（11）防止双组分涂料混合时的急剧放热，要不断搅拌涂料，并放置在通风处。铝粉漆要分罐包装，并防止受潮产生氢气自燃等。在预热涂料时，不能温度过高，且不能将容器密闭，需开口，不用明火加热。

（12）生产和施工场所，必须备有足够数量的灭火机具、石棉毡、黄沙箱及其他防火工具，施工人员应熟练使用各种灭火器材。

（13）一旦发生火灾，切勿用水灭火，应用石棉毡、黄沙、灭火机（二氧化碳或干粉）等进行灭火，同时要减少通风量。如工作服着火，不要用手拍打，就地打滚即可熄灭。

（14）大量易燃物品，应存放在仓库安全区内，施工场所避免存放大量的涂料、溶剂等易燃物品。

3. 灭火

（1）灭火方法. 油漆工常用的灭火方法有三种：

1）固体燃料引起的燃烧（如木材、纸、布或垃圾）应用水扑灭。

2）液体或气体引起的燃烧（如油、涂料、溶剂）应用泡沫、粉末或气体灭火器材切除氧气的供应。

3）电气设备发生的火焰（电机、电线、开关）用非导电灭火材料隔离扑灭。

（2）常用灭火器材的性能及使用如表 21-2。

常用灭火器材的性能及使用 表 21-2

灭火器类型	平均有效范围	适用范围	禁止使用的范围
水或碳酸钠	4m	木材、纸、破布、喷灯	电气、油类、溶剂引起的火灾
泡沫	4m	液体、油、涂料	电气火灾
雾状泡沫或蒸汽状液体	4m	电气、汽油机或柴油发动机着火	封闭处的火灾
雾状泡沫气体（二氧化碳）	1m	电气及极易燃烧体	自身可产生气体的材料如纤维素
干粉	2m	极易燃液体、电气，汽油或柴油 发动机着火	—

灭火器类型	平均有效范围	适用范围	禁止使用的范围
砂	—	隔离小火	—
石棉毡		衣服着火、隔离小火	
烟雾剂	短距离	小火	—

（3）衣服被燃烧时的处理油漆工衣服燃烧后处理的方法如下：

1）先使被烧者面向下躺卧，避免火焰烧到脸部。

2）用水或其他非易燃液体扑灭火焰。

3）用毯子或衣物将人裹住，隔离空气直至火焰熄灭（不可使用尼龙或其他合成纤维包裹）。当只有一个人时，应在地面上滚动，用附近的可覆盖的物件灭火，不可乱跑。

（三）防　毒

1. 防毒一般知识

在涂料施工过程中，使用的溶剂和某些颜填料、助剂、固化剂等都是严重危害作业人员的有害物质。例如：苯类、甲醇、甲醛等溶剂的蒸气挥发到一定浓度时，对人体皮肤、中枢神经、造血器官、呼吸系统等都有侵袭、刺激和破坏作用。铅（烟、尘）、铬（尘）、粉尘、氧化锌（烟雾）、甲苯二异氰酸酯、有机胺类固化剂、煤焦沥青、氧化亚铜、有机锡等均为有害物质，若吸入体内容易引起急性或慢性中毒，促使皮肤或呼吸系统过敏。各种有害物质均有其特性，毒性也不一，在空气中有最高允许浓度，以表 21-3 列出。为保证操作者身体健康，必须靠排气或换气，来使空气中的溶剂等有害物质蒸气浓度低于最高允许浓度，达到确保长期不受损害的安全浓度。

物质名称（溶剂）	最高允许浓度（mg/m³）	物质名称（涂料原料）	最高允许浓度（mg/m³）
苯	50	氧化锑	0.50
甲苯	100	镉化合物	0.10
二甲苯	100	铬酸盐	0.10
丙酮	400	氧化铁	15.0
松香水	300	铅化物	0.20
松节油	300	汞化物	0.01
二氯乙烷	50	二氧化钛	15.0
三氯乙烷	50	磷酸三苯酯	3
氯苯	50	三乙胺	100
溶剂型脑油	100	氧化锌	5
甲醇	50	锰化物	0.2
乙醇	1500	环氧氯丙烷	1
丙醇	200	丙烯腈	45
丁醇	200	丙烯酸乙酯	100
戊醇	100	甲醛	6
乙酸甲酯	100	乙二胺	30
乙酸乙酯	200	丙烯酸甲酯	35
乙酸丁酯	200	甲基苯乙烯	480
乙酸戊酯	100	苯酚	19
四氯化碳	25	甲苯二异氰酸甲酯	0.2
乙醚	500	二异氰酸甲苯	0.14
环己酮	50	苯乙烯	420
二硫化碳	10	吡啶	4
溶剂汽油	350	涂料粉尘	10

2. 防毒安全措施

（1）加强涂料施工场所的排气和换气，定期检查有害物质蒸气的浓度，确保空气中的蒸气浓度低于最高允许浓度，一般最高允许浓度是毒性下限值的 1/10～1/2。

（2）在涂料施工时，尽量少用或不用毒性较大的苯类、甲醇等溶剂作为稀释剂，可采用毒性较小的高沸点芳烃溶剂或新型绿色芳烃类溶剂替代。对某些有害的添加物质，如红丹、铅白、有机锡等，已是国际上禁用的物质，不要选用这些含有害物质高的涂料。

（3）在建筑物室内施工时，尽量选用绿色水性无溶剂涂料，如水性的高质量乳胶漆等品种进行涂装。不要使用含甲醛、有机溶剂类物质的涂料和胶黏剂。施工完成后，要经过一定时间，并开窗换气，待有害物质挥发完后，再进入使用期。

（4）涂料对人体的毒害，除呼吸道吸入之外，还可通过皮肤或胃的吸收而中毒，某些毒物皮肤吸收的含量远远大于呼吸道的吸入量。因此尽量避免有害物质触及皮肤，同时应将外露皮肤擦上医用凡士林或专用液体防护油，禁止在生产和施工中吃东西。在作业时，应戴好防毒口罩和防护手套，穿上工作服，戴防护眼镜等。

（5）工作场所必须有良好的通风、防尘、防毒等设施，在没有防护设备的情况下，应将门窗打开，使空气流通。

（6）在罐、箱、船舱等密闭空间内的涂装工作人员应具有一定的资格和经验，应穿着防护服和使用防毒面具或送风罩（专门供给新鲜空气），加强通风、换气量需每小时20～30回，并将新鲜空气尽可能送到操作人员面部，一般操作人员至少要有2人，并定期轮换人员。在进口处外面设置标志，并应有专人负责安全监护，随时与密闭空间操作人员保持联系，准备急救用具。

（7）对于毒性大、有害物质含量较高的涂料不宜采用喷涂、淋涂、浸涂等方法涂装。喷涂时，被漆雾污染的空气在排出前应过滤，排风管应超过屋顶1m以上。在喷漆室内操作时，应先开风机，后启动喷涂设备；作业结束时，应先关闭喷涂设备，后关风机。全面排风系统排出有害气体及蒸气时，其吸风口应设在有害物质浓度最大的区域，全面排风系统气流组织的流向应避免有害物质流经操作者的位置。必要时配备防毒面具和氧气瓶。

（8）某些施工人员对大漆、酚醛、呋喃树脂、聚氨酯涂料过敏，重者可患皮肤过敏症。若皮肤已龟裂、瘙痒，可用2％稀氨水或10％碳酸钾水溶液擦洗，或用5％硫代硫酸钠水溶液擦拭，并应立即就诊治疗。对大漆过敏的人较多，可用改性漆酚代替大漆。接触大漆一段时期后，过敏症状会逐步减轻，将明矾和铬矾碾成粉末，用开水溶解，擦拭患处，也可洗澡时使用，需用温水洗涤，7天可痊愈。在涂料生产和施工后，应到通风处休息，并多喝开水。

（9）禁止未成年人和怀孕期、哺乳期妇女从事密闭空间作业和含有机溶剂、含铅等成分涂料的喷涂作业。

（四）防　　尘

灰尘主要来自基层处理和打磨，灰尘飘浮在空气中，被吸入呼吸道，会影响肺部功能，故应避免在有灰尘环境下作业。

清除灰尘不宜采用人工扫刷。有条件的要使用吸尘器，也可以采取湿作业。在有灰尘的环境下作业，要戴口罩、戴眼镜防护罩。

（五）防坠打击

高处坠落，是建筑施工重点防范事项。凡在有可能坠落高度基准面2m以上（含2m）高处进行涂饰或其他施工作业时，均称高处作业。高处作业必须严格执行《建筑施工高处作业安全技术规范》JGJ 80—2011。要穿紧口工作服、脚穿防滑鞋、头戴安全帽、腰系安全带。

室内作业使用人字梯规定：高度2m以下作业（超过2m按规定搭设脚手架）使用的人字梯应四脚落地，摆放平稳，梯脚应设防滑橡皮垫和保险拉链。

人字梯上搭铺脚手板，脚于板两端搭接氏度不得少于20cm，脚手板中间不得同时两人操作，梯子挪动时，作业人员必须下来，严禁站在梯子上踩高跷式挪动。人字梯铰轴不准站人、不准铺设脚手板。

人字梯应经常检查，发现开裂、腐朽、榫头松动、缺档等不得使用。室内作业，需攀登时应从规定的通道上下，不得在阳台之间及非规定的通道攀登、翻越。上下梯子时，必须面对梯子，双手扶牢，不得手持物件攀登。

室内涂饰，应选用双梯，两梯之间要系绳索固定角度，严禁站在双梯的压当上作业。

室外作业，一定要先搭好脚手架，当使用吊篮作业时，一定要注意吊篮的安全性，多方面采取保护措施。禁止在阳台栏杆等处作业。外墙、外窗、外楼梯等高处作业时，应系好安全带。安全带应高持低用，挂在牢靠处。油漆窗户时，严禁站在或骑在窗栏上操作，刷封沿板或落水管时，应利用脚手架或在专用操作平台架上进行。刷坡度大于 25°的铁皮层面时，应设置活动跳板、防护栏杆和安全网。

防坠物打击。在高处作业暂时不用的工具应装入工具袋（箱）。施工在垂直方向上下两层同时进行，应设置防护棚并应加护栏并警示行人注意。

高压喷涂管各种接头应牢固，修理料斗气管时应关闭气门，试喷时不准对人。

（六）防 触 电

大面积的涂饰工程和大工程量的安装工程，越来越多地使用中、小型电动机具，应注意安全用电。

选用手持电动工具，要根据作业环境决定。

电动工具的分类：

Ⅰ类：适用于干燥作业场所；

Ⅱ类：适用于比较潮湿的作业场所；

Ⅲ类：适用于特别潮湿的作业场所和在金属容器内作业。

使用电气设备，线路必须绝缘良好，必须按规定接零接地。工具使用前，应经专职电工检验接线是否正确，作业人员按规定穿戴绝缘防护用品（绝缘鞋、绝缘手套等）。

发现有人触电，要首先关闭电源，再进行抢救。

（七）油漆涂料的配制人员一般规定

油漆涂料的配制人员应遵守以下规定

调制油漆应在通风良好的房间内进行。调制有害油漆涂料时，应戴好防毒口罩、护目镜，穿好与之适应的个人防护用品。工作完毕应冲洗干净。

工作完毕，各种油漆涂料的溶剂桶（箱）要加盖封严。

操作人员应进行体检，患有皮肤病、气管炎、结核病者不宜从事此项作业。

使用喷灯前应首先检查开关及零部件是否完好，喷嘴要通畅，不能对人试。

喷灯加油不得超过容量的 4/5。

每次打气不能过足。点火应选择在空旷处，喷嘴不对人。气筒部分出现故障，应先熄灭喷灯，再行修理。

刷耐酸、耐腐蚀的过氯乙烯涂料时，应戴防毒面罩。

打磨砂纸时必须戴口罩。

在室内或容器内喷涂，必须保持良好的通风。喷涂时严禁对着喷嘴察看。

空气压缩机压力表和安全阀必须灵敏有效。高压气管各种接头应牢固，修理料斗气管时应关闭气门，试喷时不准对人。

喷涂作业时，如人员有头痛、恶心、心闷和心悸等症状，应停止作业，到户外通风处换气。

二十二、环 境 保 护

目前，涂料施工的污染问题已引起人们的普遍关注，特别是施工现场在涂料施工过程中产生的废气、废水、废料渣的处理问题及施工完毕后的室内环境检测，更是成为环保部门的重点防护对象。

（一）涂饰施工过程控制

1. 废气控制

涂料中的有机挥发物是造成大气污染的主要原因，由于施工现场的较为分散、面积大等特点，很难采取集中工厂化处理，故采取以下改进措施：

尽可能选用水性涂料等低毒环保涂料，特别是室内涂料的选用更是应该大力推广，这也是目前建筑涂料发展的主要趋势。

另一种比较主要的措施就是改善施涂工艺，在涂料施工时尽可能选用喷雾产生相对较少的方法，如彩色喷涂宜采用高压无气喷涂，中小型工程采用静电喷涂设备，铁件加工时采用电泳涂装，在打磨施工时采用混合操作等方法。

2. 废水控制

废水主要来源于喷涂设备及工具清洗等活动，故在现场应设置专用清洗池及三级沉淀池，以避免与现场其他废水混合排放。

根据目前国家及地方标准规定，施工现场废水经三级沉淀并经有关环保部门抽检合格后方可排放。

3. 废渣控制

主要是废料及涂装遗洒产生，还包括废料桶、废工具等，这些废料均应按环保要求在现场设置有毒有害垃圾封闭站，定点收集，并报请环卫部门或有资质消纳单位清理，并签订相关废弃物消纳清运协议。

（二）涂料污染控制要求

由于所有涂料在固化过程中均是有挥发性的，且挥发物质多对人体有害，故在涂料施工时应尽量选择环保漆，涂料施工完毕后应对所在环境，特别是对民用建筑室内有毒有害气体进行测定，现将《民用建筑工程室内环境污染控制规定》GB 50325—2010中相关规定介绍如下：

1. 涂料

（1）民用建筑工程室内用水性涂料，应测定总挥发性有机化合物（TVOC）和游离甲醛的含量，其限量应符合表22-1。

室内用水性涂料中总挥发性有机化合物（TVOC）和
游离甲醛限量　　　　　　表22-1

测定项目	限　量
TVOC（g/L）	≤200
游离甲醛（g/kg）	≤0.1

（2）民用建筑工程室内用溶剂型涂料，应按其规定的最大稀释比例混合后，测定总挥发性有机化合物（TVC）和苯的含量，其限量应符合表22-2的规定。

室内用溶剂型涂料中总挥发性有机化合物　　表22-2

涂料名称	TVOC（g/L）	苯（g/kg）
醇酸漆	≤550	≤5
硝基清漆	≤750	≤5
聚氨酯漆	≤700	≤5
酚醛清漆	≤500	≤5
酚醛磁漆	≤380	≤5
酚醛防锈漆	≤270	≤5
其他溶剂型涂料	≤600	≤5

（3）聚氨酯漆测定固化剂中游离甲苯二异氰酸酯（TDI）的含量后，应按其规定的最小稀释比例计算出聚氨酯漆中游离甲苯二异氰酸酯（TDI）含量，且不应大于7g/kg。测定方法应符合国家标准《气相色谱测定氨基甲酸酯预聚物和涂料溶液中未反应的甲苯二异氰酸酯（TDI）单体》GB/T 18446—2001的规定。

（4）水性涂料中总挥发性有机化合物（TVOC）和游离甲醛含量的测定方法，宜按《民用建筑工程室内环境污染控制规定》附录B进行。

（5）溶剂型涂料中总挥发性有机化合物（TVOC）和苯含量测定方法，宜按《民用建筑工程室内环境污染控制规定》附录C进行。

2. 胶粘剂

（1）民用建筑工程室内用水性胶粘剂，应测定其总挥发性有机化合物（CTVOC）和游离甲醛的含量，其限量应符合表22-3的规定。

室内用水性胶黏剂中总挥发性有机化合物（TVOC）和

游离甲醛限量   表 22-3

测定项目	限 量
TVOC/（g/L）	≤50
游离甲醛/（g/kg）	≤1

（2）民用建筑工程室内用溶剂型胶粘剂，应测定其总挥发性有机化合物（TVOC）和苯的含量，其限量应符合表22-4的规定。

室内用溶剂型胶粘剂中总挥发性有机化合物（TVOC）

和苯限量   表 22-4

室内用溶剂型胶粘剂测定项目	限 量
TVOC/（g/L）	≤750
游离甲醛/（g/kg）	≤5

（3）聚氨酯胶粘剂应测定游离甲苯二异氰酸酯（TDI）的含量，并不应大于 10g/kg，测定方法可按国家标准《气相色谱测定氨基甲酸酯预聚物和涂料溶液中未反应的甲苯二异氰酸酯（TDI）单体》GB/T 18446—2001 进行。

（4）水性胶粘剂中总挥发性有机化合物（TVOC）和游离甲醛含量的测定方法，应符合《民用建筑工程室内环境污染控制规定》附录 B 的规定。

（5）溶剂型胶粘剂中总挥发性有机化合物（TVOC）和苯含量测定方法，应符合《民用建筑工程室内环境污染控制规定》附录 C 的规定。

3. 水性处理剂

（1）民用建筑工程室内用水性阻燃剂、防水剂、防腐剂等水性处理剂，应测定其总挥发性有机化合物（TVOC）和游离甲醛的含量，其限量应符合表 22-5 的规定。

室内用水性处理剂中总挥发性有机化合物（TVOC）

和游离甲醛限量   表 22-5

测定项目	限　　量
TVOC/（g/L）	≤200
游离甲醛/（g/kg）	≤0.5

（2）水性处理剂中挥发性有机化合物（TVOC）和游离甲醛含量的测定方法，应符合《民用建筑工程室内环境污染控制规定》附录 B 的规定。

（三）涂料环境污染与防治

甲醛（甲醛具有强烈气味，主要来源于人造板材，皮肤直接接触甲醛会引起皮炎），除醛王主要采用甲醛生物降解酶、氨基酸、甲基纤维丝、去离子水等，产品特点吞噬消除甲醛转换成二氧化碳和水，适用木器，注意产品不能对金属表面或未干油漆喷涂，容易导致其氧化。

TVOC 挥发性有机化合物，主要来源于涂料。会引起头晕、头痛、嗜睡、无力、胸闷等症状，导致机体免疫水平降低，严重的会损伤肝脏。TVOC 清除剂，采用天然植物和环保纳米材料，可快速高效净化 TVOC 有机挥发气体。直接喷洒在空气中。

氨：来源防火板，有强烈刺激气味，严重会引起哮喘。苯（一种无色、具有特殊芳香气味的液体，主要来源于油漆，长期吸入苯会抑制造血功能。）苯胺清除剂：强力型除苯胺油漆、木器装修甲醛清除剂、空气净化剂喷剂，主要成分高分子聚合物与多种结合苯、氨物质。使用时均匀喷涂在释放气味的表面。

附　录

同物异名对照表

序号	名　称	又　名
1	石灰浆	石灰水、白灰浆
2	大白粉	老粉、土粉
3	可赛银粉	酪素墙粉
4	龙须菜	石花菜、鸡脚菜、鹿角菜
5	火碱	烧碱
6	108胶	建筑胶、聚乙烯醇缩甲醛
7	白乳胶	聚醋酸乙烯胶
8	动物胶	皮胶、骨胶、广胶
9	松香水	200号溶剂汽油、石油溶剂
10	酒精	乙醇
11	香蕉水	信那水、喷漆稀料
12	红丹	铅丹、樟丹
13	黄丹	密陀僧、它参
14	立德粉	锌钡白
15	石膏粉	硫酸钙
16	滑石粉	硅酸钡
17	重晶石粉	硫酸钡
18	石蜡	白蜡、硬蜡
19	砂蜡	磨光剂、绿油、抛光膏
20	上光蜡	油蜡、光蜡

涂料饰涂生僻词解释

序号	生僻词	解　　释
1	油基漆	以油料和少量天然树脂为主要成膜物质的涂料。按含油量的多少分为： 短油度　树脂：油＝1：2以下 中油度　树脂：油＝1：2～3 长油度　树脂：油＝1：3以上
2	灰油	用生桐油掺土子、红丹等摧干剂适量熬制而成，用来配制油满用
3	坏油	用纯桐油或以桐油为主的混合油熬制的熟桐油，配制广漆用
4	土子	为摧干剂，黑色粉末或颗粒状，含有二氧化锰
5	油满	用面粉及石灰浆加入灰油，搅拌成糊状，也称打满
6	拼色	用水色或酒色调整基层面色差，也称调色或勾色

常用涂料正常外观形态

序号	类别	正常外观
1	清漆	透明清晰，色泽浅，稠度适中
2	色漆	几乎没有橘皮，上浮一层薄油料或稀释剂，触变性好，色泽纯正，稠度、黏度适中
3	稀释剂	清晰透明，无悬浮物，无异味
4	水性涂料	无浑浊，表面透明粘结剂液体带有粘性，搅拌后颜料悬浮均匀，有浆料味
5	合成树脂涂料	无结块，不凝聚，无霉点，无离析

古建筑油漆工艺术语解释

序号	工艺术语	解 释
1	地杖处理	基层处理
2	斩砍见木	处理木材表面，以增加粘结力
3	撕缝	处理裂缝，以利嵌填腻子
4	计浆	基面面刷底油，增强与油灰的粘结力
5	捉缝灰	用腻子嵌填裂缝
6	绍生	刷粘结浆
7	钻生	刷生桐油
8	油皮饰面	清油饰面
9	漆皮饰面	大漆饰面
10	褙布褙纸	把布或纸一层一层地粘贴在一起

涂饰常用词解释

序号	词	解 释
1	清漆	不含着色物质的涂料
2	色漆	含有颜料着色物质的涂料
3	溶剂型涂料	完全以有机物为溶剂的涂料
4	水性涂料	主要以水为介质的涂料
5	乳液型涂料	主要以合成乳为成膜物质的涂料，也称乳胶漆
6	复层涂料	由底（涂）、中（涂）、面（涂）三部分组成的涂料
7	双组份涂料	两种组份分装，使用前要按比例调制的涂料
8	厚漆	含颜料成分多，成浆状的涂料
9	铅油	也称"厚漆"，因最早由白铅粉和亚麻仁油调和研磨制成白色厚漆而得名
10	调和漆	一般指不需调配就可以直接使用的涂料
11	天然树脂	来源于植物、动物或矿物的树脂
12	合成树脂	以简单的化合物（化合物没有树脂特性）通过化学反应，使其具有树脂特性
13	改性树脂	通过化学反应使天然树脂或合成树脂的化学结构发生部分改变的树脂
14	涂布率	单位体积（或重量）为涂料覆盖规定基层表面的平均面积，常以 m^2/L、m^2/kg 表示

参 考 文 献

［1］ 李永胜．装饰装修油漆工宜与忌［M］．北京：金盾出版社，2010．

［2］ 上海市职业指导培训中心编著．油漆工技能快速入门［M］．江苏：江苏科学技术出版社，2006．

［3］ 栾海明．油漆工［M］．北京：化学工业出版社，2008．

［4］ 住房和城乡建设部人事教育司组织编写．油漆工［M］．北京：中国建筑工业出版社，2002．

［5］ 鹿山，彭前立，曹安民．油漆工［M］．北京：中国建筑工业出版社，2015．

［6］ 建筑装饰装修工程质量验收规范 GB 50210—2010［S］．北京：中国建筑工业出版社，2010．